作物栽培生态实验指导

谷淑波　金　敏　郭启芳　宋雪皎　主编

中国农业出版社

北　京

内 容 简 介

　　本书根据作物栽培生态研究过程中，光、温、水及土壤等各种生态因子对作物的光合作用、养分积累以及作物生长环境变化的影响，借助先进的仪器测试技术，准确快速测定作物田间各种生态因子，以便于及时改变农艺措施，调节作物生态系统，从而实现作物高产、优质、高效、生态的栽培目标。

　　本书系统介绍了作物生长发育过程中的光合生态、水分生态、田间温室气体、田间小气候环境、土壤理化性质、作物生理指标以及表型生态等相关指标测试的重要性、测试原理、所用仪器、具体操作及注意事项，同时对作物田间生产试验注意事项进行了系统的阐述。

　　本书内容涉及近年来作物栽培生态研究中应用的高端精密仪器38种，如植物冠层气体交换测量仪、便携式光合仪、荧光仪、气相色谱仪、温室气体分析仪等，可进行100余项作物栽培生态因子的测试，均是近年作物栽培生态研究常用先进仪器的测试方法或借鉴经典方法验证并修改完善的测试技术。

　　本书的实验技术突出实用性、可操作性，实验技术过程书写详细，仪器操作步骤规范，可供农业院校教学、科研及学生在开展创新活动中借助先进的测试技术，加快科研进程，提高教学水平，也可供农业专家进行作物栽培生态方面的研究参考。

编　委　会

目　　录

第一章 作物光合生态指标测定技术

第一节 作物叶片光合作用相关指标的测定
——便携式光合仪

作物产量的形成过程主要是通过绿色叶片的光合作用。农作物的全部干物质约有95％来自光合作用，只有大约5％来自根系从土壤中吸收的矿物质。光合作用是植物生长发育的基础和生产力高低的决定性因素，同时又是一个对环境条件变化很敏感的过程，提高作物的光能利用率是增加作物产量的主要手段。光合速率是作物光合作用强弱的重要指标，是指作物在一定时间内将光能转化为化学能的多少，通常是以单位时间、单位叶面积的 CO_2 吸收量或 O_2 的释放量来表示，一般来说，光合速率越高，合成与输出同化物的能力就越强。叶片的光合速率不仅与叶龄和叶片结构有关系，还受生长环境中光照、温度、水分、CO_2 浓度等生态因子及不同栽培措施等的影响。

作物在进行光合呼吸的过程中，以伸展在空中的枝叶与周围环境发生气体交换，同时会带来大量水分的散失，即蒸腾作用。作物蒸腾作用的强弱，可以反映出植物体内水分代谢的状况或植物对水分利用的效率。蒸腾作用虽然会引起作物体内水分的散失，但它是作物被动吸水和转运水分的主要动力，土壤中的矿物质和根系合成的物质会随着水分的吸收和集流而被转运到作物体各个器官。同时在蒸腾过程中，作物叶片可以散失掉大量的辐射热。由于蒸腾作用导致气孔开放，开放的气孔便成为 CO_2 进入叶片的通道。作物通过调节气孔孔径的大小控制作物光合作用中 CO_2 吸收和蒸腾作用过程中水分的散失，气孔导度和胞间 CO_2 浓度的大小与光合及蒸腾速率紧密相关。

作物产量潜力的实现在于环境因子与作物的协调统一。作物生态环境中的光、温、水和矿质营养及病虫草害均会影响作物的产量形成。因此，要提高作物产量，一方面要对品种进行遗传改良，提高其光合效率；另一方面要采用先进的栽培技术，改善栽培环境，为作物生长提供良好的生态条件，提高作物群体的光能利用率。因此，在选育优良品种、改革耕作制度、采用合理栽培措施、提高作物的光合效率等研究中，作物的净光合速率、蒸腾速率、气孔导度等与自然生态相关指标的准确测定尤其重要。

便携式光合仪是作物栽培生态研究的重要仪器，可原位、精准、高速测量气体交换过程，得到植物光合原位研究中的关键数据，包括净光合速率（A，$\mu mol \cdot m^{-2} \cdot s^{-1}$）、气孔导度（$G_s$，$mmol \cdot m^{-2} \cdot s^{-1}$）、胞间 CO_2 浓度（C_i，$\mu mol \cdot mol^{-1}$）、蒸腾速率（E，$mmol \cdot m^{-2} \cdot s^{-1}$）等指标，通过间接计算可得到水分利用效率（$WUE$）、光能利用效率（$LUE$）等指标。

一、实验目的

学习并掌握作物净光合速率、蒸腾速率、气孔导度、胞间 CO_2 浓度等的测定原理与分析方法，熟练掌握便携式光合仪的操作步骤及注意事项。

二、实验原理

红外线经过 CO_2 气体（或水蒸气）时，与气体分子振动频率相等，从而形成共振的红外光被气体分子吸收，使透过的红外光能量减少，被吸收的红外线能量的多少与该气体的吸收系数（K）、气体浓度（C）和气层的厚度（L）有关，并服从朗伯-比尔定律，可用下式表示：

$$E = E_0 e^{KCL} \qquad (1-1)$$

式中，E_0 为入射红外光的能量（J），E 为透过红外光的能量（J）。

CO_2 吸收红外光的特定波长为 $4.26\ \mu m$，H_2O 的吸收峰为 $2.59\ \mu m$。根据以上公式可以测定出被测气体中 CO_2 或者水蒸气的浓度（$g \cdot m^{-3}$）。

红外线气体分析仪只能进行 CO_2 浓度和水蒸气浓度的测定，要测定光合速率必须与气路系统相结合。便携式光合仪根据这一原理，利用红外气体分析器准确测定叶片同化 CO_2 和释放水汽的量，进而通过叶室内 CO_2 和 H_2O 进出叶室的质量平衡法，计算净光合速率、蒸腾速率等生理生态学参数，由此计算得到的一系列重要的作物生理生态指标，如：气孔导度（G_s）、胞间 CO_2 浓度（C_i）等。通过植物在单位时间、单位面积/质量同化（或呼吸放出）CO_2 的量来反映植物光合/呼吸速率。

三、仪器及测试步骤

以当前实验室常用的两款光合仪为例，分别为美国 LI-COR 公司的 LI-6800 型光合仪和美国 PP SYSTEMS 公司的 CIRAS-4 型光合仪。

（一）LI-6800 型便携式光合仪构成及测试步骤

1. 仪器构成

光合仪主要由主机、分析器、电缆、人工光源、三脚支架组成

（图 1-1），另配有电池、背带和仪器箱。主机配备有操作系统、界面、气流控制系统和数据记录功能等。

图 1-1 LI-6800 便携式光合仪的构成

主机后部配有 CO_2 注入系统、干燥管、苏打管及加湿管（图 1-2），CO_2 注入系统包括内部控制器和小钢瓶连接器，一个小钢瓶可以持续供应 8 h 气体；苏打管内装有苏打碱石灰，使用过程中从白色变为蓝紫色，当 CO_2 无法下降到零点附近并维持稳定时，则说明药品已失效，需要更换；CO_2 注入系统和苏打管可以实现 CO_2 的准确控制。干燥管中的干燥剂，可以去除空气中的水汽；加湿管可对进入系统的气体进行加湿；干燥管和加湿管可以实现气体湿度的准确控制。

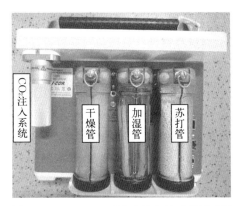

图 1-2 LI-6800 型光合仪主机后部示意图

2. 工作原理

LI-6800 型便携式光合仪根据气流进出叶室的 CO_2 和 H_2O 的差值对光合作用和蒸腾作用进行测定。气体分析器的头部紧挨叶室，在泵的带动下，气流在分析器头部分流，分别进入参比室和样品室，如图 1-3。

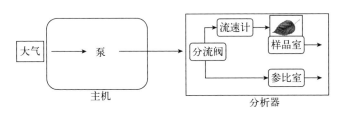

图 1-3 LI-6800 型光合仪工作示意图

当叶片气孔关闭时，系统就会立刻检测到水汽下降并进行补偿，当突然改变光强度时，通过观察 CO_2 浓度的变化就能确定光合速率的瞬时变化情况。仪器可自动调节进入仪器内部气体中的 CO_2 和 H_2O 浓度，通过增加或减少气流中 CO_2 和 H_2O 浓度来满足测定过程中所需的或设定的稳定气体浓度。

3. 所用试剂及材料

CO_2 小钢瓶（ISI 食用级）、Sorbead orange chameleon 干燥剂或 Drierite 干燥剂、苏打碱石灰 $[Ca(OH)_2，H_2O，NaOH 和 KOH]$。

4. 测试步骤

（1）测量时间的确定。

① 在野外自然环境下，一般选择晴朗、阳光充足的上午 8:30～11:30，不宜过早或过晚，避开中午作物的"午休"时间。若长时间阴雨天后，不宜转晴后立即测定，应过半天或 1 天再测定。全天环境恒定气候控制室内，则可以全天测量或进行日变化测定实验。

② 控制环境条件测量时，要注意光诱导过程，尤其是作物从黑暗或弱光环境条件下转移到强光环境条件下时，需用测量光强照射一段时间（0.5 h～1 h）进行光诱导。

（2）叶片的选取。

① 根据实验需要，选择合适的样品叶，一般选用无遮挡、照光条件好的完全展开叶、冠层顶端叶或穗位叶，进行对比测定，实验要充分注意所测叶片的叶位、叶龄、叶取向和叶部位等的一致性和可比性，以及叶片之间无相互遮挡的叶片。

② 选择生长状况良好的叶片，通常选择无病虫害、无损伤、水分和营养状况良好的叶片。

③ 测定时尽量测定叶片中部并避开叶片的主脉，如果叶片细小无法避开主脉，则统一夹住叶脉测定。

④ 作物移栽后至少 2 周时间，待其生长状态恢复正常才可以测定光合作用指标。

⑤ 每个处理至少选择 10 个样品叶进行重复测定。

（3）仪器的准备。

① 化学试剂的有效性检查：检查仪器主机背部的化学试剂是否有效，无水 Sorbead orange chameleon 干燥剂为蓝色（或无水 Drierite 干燥剂为橙色），苏打管内的碱石灰为白色，则有效，否则需更换。

② 连接主机和分析器头部：用电缆线将主机和分析器头部相连，注意接头处红点与分析器头部接口和主机接口（head 1 或 head 2）的红点相对，直插直拔，切勿旋转。

③ 安装光源（日变化测定无须安装）：将透明叶室分析器翻过来，用螺丝刀拆掉保护背板，露出接头；将人工光源的两个螺丝固定在叶室上，同时拧两个螺丝，保证受力均匀，拧紧即可。将人工光源的供电线穿过下面的支架，插头插到标有"LS"的位置上，红点对准红点，直插直拔。将保护底板盖回，用螺丝固定好。

④ 安装 CO_2 小钢瓶（需要准确控制 CO_2 的浓度时安装）：将小钢瓶放入钢帽，大头在下，顺时针缓慢旋紧钢帽，当遇到较大阻力时，快速拧动钢帽以刺穿小钢瓶的顶端。

⑤ 安装三脚架：轻轻放倒主机，让有化学药品管的一面着地，取下三脚架头部的螺纹帽，让处于收缩状态的三脚架旋入主机底部螺孔，直至旋紧。延长三脚架支撑脚，松开卡扣，延长至想要的支撑脚长度，再锁紧卡扣固定。扩大三脚架的张开角度，抬升三脚架杆的高度，延长主杆高度，再旋紧螺丝固定。

⑥ 安装云台：卸下云台手柄处的布带，捏住安全闭锁远离云台，然后旋转约 90°直至固定台松开，取下固定台，将固定台安装在分析器底部，再将固定台装回云台，闭锁锁上，确保分析器头部与云台固定完好。

（4）仪器操作。

① 开机预热：按下电源开关并维持 0.5 s，仪器开机后进行预热检查。首先关闭叶室，依次点击 Start up、Warmup/System tests、Warmup tests，点击 Start 确认，仪器会对各种传感器进行自检，大约需要 10 min～15 min。

② 选择配置文件：若先前已经存储配置文件，从菜单中选择 Load Configurations，然后选择配置；如果没有，则需新建配置文件。

③ 新建配置文件：

气体流速：一般设置 Pump speed（泵速）为 500 $\mu mol \cdot s^{-1}$；

叶室温度：可根据具体实验要求确定，但若温度过低，仪器壁上凝结水珠会引起仪器报警，对于不涉及水分胁迫处理的实验，可设置一个稳定的温度环境，以排除水分条件对植物气孔行为的影响；

叶室湿度：可根据实验要求确定，一般应保持叶室 50% 以上的湿度，装入的水不超过管的 3/4；

CO_2 浓度：如果安装有 CO_2 小钢瓶，则在 CO_2＿s 处设置相应的浓度，一般田间为 400 $\mu mol \cdot mol^{-1}$；

混合风扇转速：一般设为 10 000 $r \cdot min^{-1}$，对于少数气孔敏感的植物可以适度降低设定值；

人工光源强度：对于对比实验很重要，需排除外界变化的光照对作物光合作用的影响，根据不同作物不同实验设置一个稳定的光强。

④ 设置记录文件和记录选项：设置 Logging options，检查确保选中 Also log data to excel file，如果叶片不能充满叶室，检查屏幕右下角 Check to log as a row 区域，确认 Const：S 选框没有被勾选。

打开记录文件 Open a log file，点击 New folder，建立自己的数据文件夹，选中并打开建好的文件夹后，点击 New file，输入文件名称，点击 OK，记录文件打开，可以开始测量。

⑤ 匹配分析器：为了消除相同气体（CO_2 和 H_2O）通过样品室和参比室时，两个分析器的计数可能存在的差异，测量前必须进行匹配。设置 Match options，一般选择 Never match，然后每隔 10 min～20 min 匹配一次，如果环境改变过大，则立即匹配。无论叶室是否夹有叶片，都可以进行匹配 IRGAs 操作。

依次选择 Measurements、Match IRGAs、Automatic matching，点击 Start，仪器开始匹配，仪器首先将样品室空气泄出，随后参比室气体直接进入两个分析器，两个分析器测量稳定（dΔ/dt 很低），显示绿灯时调整读数值，匹配完成。匹配完成后，匹配阀会回到初始位置，查看结果，确认两个分析器读数一致。

⑥ 开始测量：夹上叶片，点击 Mearsurment 标签，进入测量界面，观察左侧图形，按不同字母可见多个参数的稳定性实时图，也可以查看 Stability 标签下的稳定性参数，当显示为 4/4 时，为数据稳定，点击最右侧的 Log 键记录数据。测量结束后，点击 Log files 标签下 Logging to 功能，点击右下角位置的 Close log 关闭记录文件。

⑦ 导出数据：测量完毕后，将 U 盘插入仪器相应接口，点击 Log files 标签，选择 Export logs 功能，找到所建立的文件夹并打开，点击 Select all，再点击 Copy to USB，将数据传至 U 盘，完成数据的导出。

⑧ 关闭仪器：先将光源和控温关闭，再将水分设置为 0，干燥 5 min；依次点击 Start up、Standby/Power off、Power off，关机。

（5）仪器存放。如果短期不使用，则无须做任何特殊处理，只需要注意将叶室保持在 Parked 状态，即半关闭状态。若要长期存放（1 个月以上），则卸下电池并充满电，断开分析器电缆线、气路管、三脚架，擦拭仪器，存放在箱内。

另外，装箱前，一定要移除 CO_2 小钢瓶，取下加湿管并清空，检查并清除叶室内残留物，叶室保持在 Parked 状态，防止叶室泡沫垫圈被挤压变形影响密闭性。

（6）查看数据。在计算机上用 Excel 软件打开数据文件，就可以看到样品测定的日期、时间、仪器型号、叶室规格、气体流速等，同时可以看到所测得的净光合速率、气孔导度、胞间 CO_2 浓度、蒸腾速率等 40 余种参数的测定结果。

（7）仪器使用注意事项。

① 电缆的连接：主机和分析器通过电缆线连接，电缆线两端是一样的，每一端都可连接主机和分析器，但要注意一定要在关机的状态下连接或断开电缆线。

② 化学试剂的更换：

更换时间：当化学管中 2/3 的干燥剂由橙色变为无色（或蓝色变为粉色）

后即需要更换，化学管中 2/3 的苏打变淡紫色后即需要更换。

具体操作：更换药品时，只能打开底部的盖帽，将药品填充至距管口 1 cm 即可，清理螺纹及 O 形圈上的残留药品，以免拧盖时损坏化学管和盖帽，保证化学管的气密性。

试剂恢复：预先给烤箱和烤盘加热，Sorbead orange chameleon 干燥剂在 210 ℃烘 1 h，或 Drierite 干燥剂在 120 ℃烘 1 h，趁热密封于原来的玻璃瓶或金属容器内。

③ CO_2 小钢瓶的使用：一瓶能使用约 8 h，实验完毕不论是否全部用完都要将小钢瓶及时取出。

④ 电池存放：若仪器长时间不使用，电池需要 2 个月左右充电一次，以保证电池容量最大化。电池是 14.4 V 的锂离子电池，6.8 Ah，电池处于充电状态时灯持续闪烁，电池充满时，灯停止闪烁且为绿色。

⑤ 加湿管存放：如果短期不用，管内水可以不用倒掉，若长期不用，则必须把水倒掉，确保将仪器倒置时不会进水。

（二）CIRAS－4 型光合仪构成及测试步骤

1. 仪器构成

光合仪主要由主机、人工光源、叶室组成（图 1－4），另配有电池、背带、便携式运输箱。主机内部有分析器、操作系统、气流控制系统等。

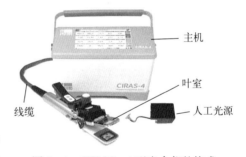

图 1－4　CIRAS－4 型光合仪的构成

主机后部（图 1－5）主要有四根吸收管、CO_2 注入系统和各种开关接口。其中，四根吸收管分为两部分，左侧两根为调零管，分别装有碱石灰、干燥剂和分子筛，用于仪器调零；右侧两根为调控管，分别装有碱石灰和干燥剂，用于控制 CO_2 和 H_2O 浓度。CO_2 注入系统包括内部稳压器和 CO_2 钢瓶套筒，用于装入 CO_2 钢瓶。使用 CO_2 钢瓶可根据实验需要控制 CO_2 浓度在 0～2 000 $\mu mol \cdot mol^{-1}$，仪器通过第三根吸收管内的碱石灰吸收尽环境气

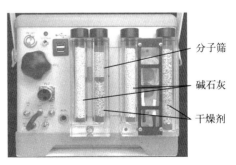

图 1－5　CIRAS－4 型光合仪主机后部试剂管示意图

体中的 CO_2 并结合仪器内部控制阀的调控，达成控制 CO_2 浓度的目标。每支钢瓶可支持约两天的正常测量，使用钢瓶时分子筛需两天更换一次。

2. 所用试剂及耗材

CO_2 小钢瓶，碱石灰，干燥剂，分子筛。碱石灰作用为吸收 CO_2，变质后由白色变为紫色；干燥剂作用为吸收 H_2O，变质后由蓝色变为粉红色，当每根吸收管中的碱石灰或干燥剂有一半变质时，需要更换。分子筛作用为吸收 CO_2 和 H_2O，变质后无颜色变化，一般情况下，下部的干燥剂变质后同时更换分子筛，最准确判断分子筛变质的标准是缓冲瓶模式下 CO_2 r 值低于 $380~\mu mol \cdot mol^{-1}$，即为分子筛变质。吸收剂更换时需保持主机关机状态。

3. 基本光合参数的测试步骤

（1）开机前准备。

① 电池充电：将电源接头与仪器背面的 EXT PWR 接口连接好，上方的指示灯亮，当充电指示器上 5 格都变黑色时，表示电池组已充满电。

② 检查试剂：仪器背后吸收管中的试剂是否正常，碱石灰是白色，干燥剂是蓝色。

③ 连接叶室和主机：将叶室的接口与主机接口连接好，连接时注意插口方向，确保叶室金属接头处的"Open"与下方字母"H"对齐；将叶室金属接头插入 CIRAS - 4 主机背面上标有"PLC"的接口处；顺时针转动叶室金属接头头部，将"Close"与下方字母"H"对齐；如果要卸下，只需逆时针旋转叶室金属接头头部，使"Open"与下方字母"H"对齐，然后将叶室从 PLC 接口处水平拔出。

④ 安装人工光源：用手提起光源，沿着光源内部的凹槽将其对准叶室头部的滑轨水平滑入，直到光源模块到达叶室头部滑轨末端。接下来，将光源电信号接头插入 PLC4 叶室侧面的电信号插口。注意将光源电信号接头底部的红点与叶室接口底部的红色标记线对齐。

⑤ 安装 CO_2 钢瓶（需要控制 CO_2 浓度时）：检查控制阀及内部密封圈是否完好，如有损坏，需更换新密封圈；装入 CO_2 钢瓶，旋上套筒控制阀，预留几圈不旋紧，随后插入到主机后部相应位置，顺时针快速旋入，直至旋紧。

⑥ 安装缓冲瓶：缓冲瓶应放置在上风口 2 m 以外 2 m 高的位置，应尽量远离人群、田埂、道路、车辆，试验前要将缓冲瓶内空气尽快置换成新鲜空气，可通过挤压缓冲瓶或打开瓶盖摇晃缓冲瓶等方式加快空气流通。

（2）开机后检查。

① 开机：确保仪器都已经连接好后，按仪器背面的"ON/OFF"按钮开机，蓝色 LED 指示灯点亮。

② 仪器自检：开机后仪器会自动开启软件，仪器自动调零校准，液晶屏上依次显示"Warming up""Zero"和"Diff bal"。

③ 设置参数：在屏幕主菜单中选择 Setup，子菜单 Accessory 中选择与实际相对应的叶室类型和窗口大小。在主菜单中选择 Control，根据测定需要分别在对应的子菜单中设置控制参数，见图 1-6。

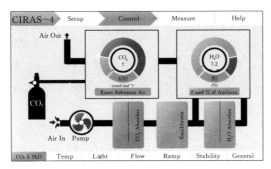

图 1-6　仪器参数设置窗口示意图

CO_2 浓度：使用 CO_2 小钢瓶时，选择 Exact reference air，设置需要的浓度大小；使用缓冲瓶时，选择 Ambient，需将缓冲瓶放在适当位置，室外条件下 $CO_2 r$ 值应在 380 $\mu mol \cdot mol^{-1} \sim 420 \mu mol \cdot mol^{-1}$。

H_2O：选择 Fixed% of ambient，一般设定为 75%～100%，如果 RH% 大于 70%，需要将 $H_2O r$ 值适当设置低一些，确保 RH% 小于 70%。

Temp：如果严格控温，可设定为实验的温度；如果测定过程没有特定温度要求，可选择 Track cuvette to ambient。

Light：设定在植物饱和光强范围内，阳生植物一般在 1 000 $\mu mol \cdot m^{-2} \cdot s^{-1}$ 或 1 200 $\mu mol \cdot m^{-2} \cdot s^{-1}$；C4 植物一般在 1 400 $\mu mol \cdot m^{-2} \cdot s^{-1}$ 以上。

④ 点击 Measure 进入测定界面，查看各个参数。

$CO_2 r$ 和 $CO_2 a$ 测定值应显示在 380 $\mu mol \cdot mol^{-1} \sim 440 \mu mol \cdot mol^{-1}$，且必须非常稳定（小数点后一位变化幅度不超过 0.1）。

叶室闭合，不夹叶片时，$CO_2 d$ 和 $H_2O d$ 应≤±1，此时计算得出的净光合速率 A 也应≤±1。

其他所测环境参数在正常范围内，如设置 LED 光强为 500 $\mu mol \cdot m^{-2} \cdot s^{-1}$，所测 PARi 是否稳定在 500 $\mu mol \cdot m^{-2} \cdot s^{-1}$；无特殊控温时，三个温度值 Tamb、Tcuv、Tleaf 是否在正常范围内且无较大差异；相对湿度 RH% 不可超过 70%；Flow 与设定值一致。

当 CIRAS-4 屏幕显示所测参数均已达到以上条件时，表明设备一切正常。

（3）设置记录文件名。点击 Record operation 设置文件名，点击 Return 返回到测定界面。

（4）叶片测试。根据试验选择叶位一致、朝向一致、生长状况良好、完全展开并在光下充分适应好的叶片，用叶室夹夹好（夹叶片中部并尽量避开主脉），待数据稳定后点击 One shot 启动手动记录模式，一般 30 s 内 A 值变化在 ±0.5 μmol·m^{-2}·s^{-1} 之内即视为稳定，也可以在 Graph 界面，当光合实时曲线为直线时记录数据。测量结束后，点击 Stop 结束记录。

（5）传输数据。在主机背面标记 USB 1 处插入优盘，在 Measure 界面点击 Transfer files 进入数据传输界面，U 盘信息显示在屏幕右侧，选中屏幕左侧需要传输的数据，点击右箭头，数据从屏幕左侧转入右侧 U 盘中数据传输完毕，点击 Return 退出后，关闭仪器，将 U 盘拔出即可。

4. 仪器使用注意事项

（1）仪器关机后，要及时给仪器充电。长时间不用仪器时，要将仪器充满电保存。实验前将仪器充满电，充电时间为 16 h 以上。

（2）光合仪切记不能进水，在仪器上不能使用水泡流量计或者水压计。

（3）在使用前必须将所有的电信号接口都连接好后再开机，禁止开机状态下带电拔插。

（4）保持主机在垂直状态下运行。

（5）仪器不使用时，应该将叶室打开存放，防止因长时间挤压使密封垫片变形失去密闭功效。

（6）仪器使用时必须接小钢瓶或者缓冲瓶。若使用小钢瓶，在测量结束后，需将整个小钢瓶套筒取出单独保存，切勿将小钢瓶置于便携箱中保存。使用 48 h 后，钢瓶气压较低时，方可将钢瓶由套筒中取出，如气压过高就拧开控制阀。

四、光合仪测得的重要参数

光合仪在测定过程中会在仪器屏幕上实时显示环境及叶室各种参数信息，记录后仪器内部程序自动计算叶片光合作用相关参数。主要参数如表 1-1。

表 1-1 便携式光合仪测得的主要光合作用参数

参数	中文名称	英文名称	单位
A	净光合速率	Assimilation rate	μmol·m^{-2}·s^{-1}
E	蒸腾速率	Transportation rate	mmol·m^{-2}·s^{-1}
C_i	胞间 CO_2 浓度	Internal CO_2	μmol·mol^{-1}
G_s	气孔导度	Stomatal conductance	mmol·m^{-2}·s^{-1}
VPD	水蒸气压亏缺	Vapour pressure deficit	mb
WUE	水分利用效率	Water use efficiency	%

（续）

参数	中文名称	英文名称	单位
CO_2r	参比 CO_2 浓度	Reference CO_2	$\mu mol \cdot mol^{-1}$
CO_2a	分析 CO_2 浓度	Analysis CO_2	$\mu mol \cdot mol^{-1}$
CO_2d	CO_2 落差	Differential CO_2	$\mu mol \cdot mol^{-1}$
H_2Or	参比 H_2O 浓度	Reference H_2O	mb
H_2Oa	分析 H_2O 浓度	Analysis H_2O	mb
H_2Od	H_2O 落差	Differential H_2O	mb
PARi	内部光强	Internal PAR	$\mu mol \cdot m^{-2} \cdot s^{-1}$
PARe	外部光强	External PAR	$\mu mol \cdot m^{-2} \cdot s^{-1}$
RH%	相对湿度	Relative humidity	%
Tamb	环境温度	Ambient temperature	℃
Tcuv	叶室温度	Cuvette temperature	℃
Tleaf	叶片温度	Leaf temperature	℃

五、思考题

1. 光合作用测量的时间如何选择？
2. 利用便携式光合仪测量时如何选择叶片？
3. 利用便携式光合仪测量时为什么要经常匹配分析器？

六、参考文献

陈灿．2017．作物学实验技术［M］．长沙：湖南科学技术出版社．
唐永金．2014．作物栽培生态［M］．北京：中国农业出版社．
于振文．2021．作物栽培学各论：北方本［M］．北京：中国农业出版社．

第二节　作物群体光合作用的测定
——植物冠层气体交换测量系统

作物群体光合作用是指作物群体的地上部分（作物冠层）所进行的光合作用，相比单个叶片的光合速率，群体光合作用净 CO_2 固定量与作物的生物积累之间具有正相关性。作物冠层内的微气候因子存在很大的异质性，冠层内不同叶片之间光合参数也具有很大差异。群体光合作用速率是由叶片、叶鞘和茎及颖壳等所有能够进行光合作用的绿色器官和组织在一定的群体冠层空间结构内所进行的光合速率的总和，故而比叶片光合速率更能够体现作物群体的光合能力。作物冠层内的光分布越合理，就越有利于提高叶片光合作用的效率，使光合面积在作物生长后期可以达到较高的值而且保持更长的时间，从而运送大量的光合产物到生殖器官，达到籽粒重量增加，实现高产的目的。因此，对于群体光合作用参数的测定，更有利于作物育种及栽培措施改良的研究。

植物冠层气体交换测量系统是测量田间作物或盆栽作物冠层净光合速率、夜间冠层呼吸速率、冠层蒸腾速率等的自动化测量仪器。本节主要介绍闭路式测量箱检测方法，测量系统由 1 台主机和 16 个测量箱组成，通过主机控制 16 个测量箱顶盖的循环自动开关来实现多通道自动检测。测量系统采用独特的防水设计，能够满足田间连续多天测量的需要，实现光合作用田间自动、全天候测量。

一、实验目的

学习并掌握采用测量箱法测量群体光合的原理，以及利用群体光合仪对 $1 m^2$ 面积作物冠层的净同化速率、蒸腾速率等参数的测试方法，熟练掌握仪器的安装、测试及数据处理操作步骤。

二、实验原理

将作物冠层密闭在测量箱内，持续检测箱内 CO_2 浓度，根据 CO_2 浓度随时间的变化率计算冠层光合速率。在测量过程中，测量箱内的 CO_2 浓度持续降低、水蒸气浓度持续升高，因此，闭路式测量箱检测的冠层光合速率是非稳态下的冠层光合速率。由于测量过程所需时间很短（通常在 1 min～3 min），测量箱内的温湿度及 CO_2 浓度等环境因素变化相对较小，测量过程中箱体内的环境参数取测量过程中的平均值。在田间测量过程中，由于不对箱内环境因素进行人为控制，因此需要测量并记录每次测量的环境参数。

冠层 CO_2 固定速率（A_c）和冠层蒸腾速率（E_c）可以由式（1-2）和式（1-3）计算得出：

$$A_c = \frac{dC}{dT} \times \frac{V \times P}{S \times R \times T} \qquad (1-2)$$

$$E_c = \frac{dW}{dT} \times \frac{V \times P}{S \times R \times T} \qquad (1-3)$$

式中，dC/dT 是测量箱内 CO_2 随时间的变化率（$\mu mol \cdot mol^{-1} \cdot s^{-1}$），$V$ 是测量箱的体积（m^3），P 是气压（kPa），S 是测量箱所占地面积（m^2），R 是理想气体常数（$8.314 J \cdot mol^{-1} \cdot K^{-1}$），$T$ 是气温（K）。dW/dT 是水汽浓度随时间的变化率（$mmol \cdot mol^{-1} \cdot S^{-1}$）。当 A_c 为负值时，检测到的是 CO_2 释放速率，即为净呼吸速率。测量箱内气体体积等于测量箱体积减去测量箱内放置的作物及栽培盆的体积，一般情况下，作物茎叶等组织的体积可以忽略，但盆栽实验所用的栽培盆的体积需要考虑。

三、仪器与试剂

以上海黍峰生物科技有限公司生产的 CAPTS‑150 型作物冠层气体交换测量系统为例，田间示意图如图 1‑7。

图 1‑7　植物冠层气体交换测量系统田间测量试验实物图

(一) 仪器组成

1. 主机

内置红外二氧化碳分析器及气体管路、吸收瓶、数据存储卡。

2. 传感器 1 套

包括光量子传感器、温度传感器、湿度传感器、压强传感器。

3. 测量箱 16 套

测量箱覆盖的土地面积为 $1 m^2$，长宽高分别为 1 m、1 m、1.5 m，主要包括底座、箱体、自动顶盖、自动顶盖收纳架、采样管及线缆。

4. 数据分析软件

软件可批量计算冠层光合速率、冠层蒸腾速率、冠层呼吸速率、单次测量过程中的平均 PAR、温度、湿度、气压等。

(二) 试剂

CO_2 吸收瓶，内装颗粒状碱石灰（Soda lime）。

四、田间测试步骤

(一) 仪器安装前的检查

（1）检查用于连接控制器和测量箱的线缆进气管及出气管的管口是否被掉落的植物组织、喷溅的水、泥土等杂质污染。如果有杂质进入管口，需要清洁干净，可以用棉签清洁，切勿用水冲洗。导气管内的杂质吸入主机会导致气路阻塞，影响检测结果准确性，甚至损坏分析器。

（2）检查连接控制器和测量箱线缆的多芯插头是否沾有泥土、泥水等。如果有，可用镊子和棉签小心清理干净。插头污染或潮湿会导致短路和插头腐蚀生锈。

（3）检查测量箱体的四面透光板和自动顶盖的玻璃板是否清洁干净、无露水、透光性良好。

（二）安装仪器

1. 底座的安装

（1）根据土壤的软硬程度，将底座插进土壤约 3 cm～10 cm，如图 1-8，确保密封性。

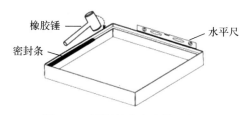

（2）用水平尺检测底座上边缘的四条边是否处于同一水平面，当水平尺上的水平泡位于两侧的线中间时，说明底座已经处于水平位置。

图 1-8　测量箱底座安装示意图

（3）如果底座尚未水平，使用橡胶锤或者用铁锤垫上厚木板敲打底座上偏高的位置，直至整个底座处于水平，不可直接用铁锤敲打底座，否则会破坏底座。

（4）在底座调至水平后，沿底座内侧的窄边粘贴一圈密封条，用于保持测量箱体的密闭性。

2. 测量箱体的安装

（1）箱体侧板拼接。箱体由 4 面侧板拼接组装而成，每 2 片箱体侧板用卡口元件进行拼接，将螺丝和吊环螺母穿过侧棱上的孔进行固定，吊环螺母在箱体外，螺丝在箱体内。必要时可能需要翻转箱体来安装固定螺丝和螺母。将四面侧板组合成一个测量箱，如图 1-9。

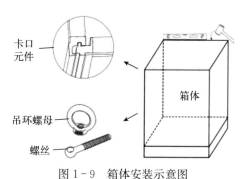

图 1-9　箱体安装示意图

（2）调平。将组装好的箱体放置在底座上，用水平尺检验箱体上边沿是否水平，并使用橡胶锤轻轻敲打调整至水平。

3. 箱体上自动顶盖的安装

（1）抬起自动顶盖，轻轻放置安装在箱体上。

（2）挡片安装。每个顶盖的两侧各需要安装一个开关挡片，将开关挡片用胶头螺丝固定在玻璃侧边的标记处，当顶盖完全打开时，挡片刚好压住开关的金属弹片。

（3）支架和拉线安装。取出滑轮支架，分别将两个滑轮支架安装到自动顶盖两侧短柱上，并用手拧螺丝固定，将两个玻璃盖分别抬起一个小角度，把拉线放到同侧支架滑轮的槽内并放下玻璃盖，如图 1-10。

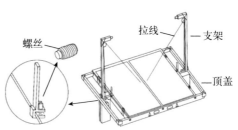

图 1-10　自动顶盖安装示意图

4. 控制器和传感器的安装

（1）取出控制器、三脚架及配件。将控制器正面朝下水平放置，并将三脚架放置在控制器上；使用 U 形零件和螺丝将控制器固定在距离三脚架底端 1 m 左右的位置，如图 1-11。

（2）将三脚架竖起，用螺丝将传感器固定在控制器顶部铝型材料上。

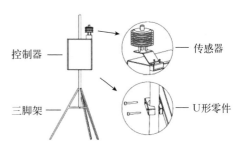

图 1-11　控制器和传感器安装示意图

（3）将传感器的线缆连接在控制器下端的对应插口。注意：由于每个传感器是与对应的控制器对应校准过的，传感器必须与对应的控制器连接，不同控制器的传感器不能交换使用。

5. 线缆连接

（1）线缆为黑色波纹管，管内包括一根多芯线和两根导气管（端头区分颜色）。线缆一端连接控制器，另一端连接自动顶盖，每个测量箱通过线缆连接到控制器。

（2）控制器端线缆连接。将多芯插头插在控制器下端对应编号的插座上，黑色导气管接进气口"IN"，白色导气管接出气口"OUT"，依次接入各编号的线缆，如图 1-12。

（3）自动顶盖端线缆连接。将线缆另一端多芯插头与顶盖控制盒

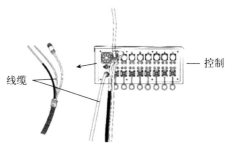

图 1-12　控制器与线缆连接示意图

上的插座连接，黑色导气管接自动顶盖的进气口"IN"，白色导气管接自动顶盖的出气口"OUT"。依次接好各测量箱，如图1-13。

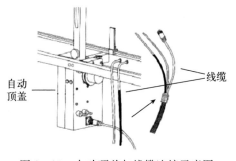

自动顶盖

线缆

图1-13　自动顶盖与线缆连接示意图

(三) 仪器安装后开机前注意事项

1. 测量箱检查

用水平尺检验测量箱上边沿是否水平，确保测量箱水平放置，不然，密封条受到不均衡的压力，会影响密封性；确保顶盖玻璃落下后密封条处于轻微压紧的状态，气密性良好；对测量箱编号，记录被测材料、处理条件及测量起止时间。

2. 支架及拉线检查

检查每个测量箱上的两根支架已经立起，拉线的一端与玻璃顶盖之间固定良好，拉线跨过支架顶端的滑轮且位于滑轮凹槽内，拉线的另一端与线轴固定良好且处于线轴的凹槽内。

3. 开关复位

通电前需要将"手动/自动"开关置于"断开"挡，"手动控制"开关置于空挡。

4. 管线连接检查

每个测量箱由一根黑色波纹管线与CAPTS主机下部端口连接，检查线缆及采样管都已连接。采样管有黑色标记的为IN，无标记的为OUT。

5. 控制器检查

控制器固定在三脚架上，并稳定地立于实验田中，传感器与控制器相连。

(四) 测量

1. 测量前的仪器测试和网管安装

(1) 接通电源。将所有测量箱的自动顶盖控制盒上"手动/自动"和"手动控制"两个开关分别拨至断开OFF和空挡Neutral，插上控制器的电源并按下复位按钮，此时测量箱内风扇开始运转。

(2) 顶盖打开测试。首先将"手动/自动"开关切换到手动Manual，再将"手动控制"开关切换到打开Open，此时顶盖开启。

(3) 顶盖关闭测试。首先将"手动/自动"开关切换到手动Manual，再将"手动控制"开关切换到闭合Close，此时顶盖关闭。当顶盖完全关闭时，检查密封条是否与玻璃贴合，如密封条与玻璃贴合良好，则说明气密性良好。

（4）风管安装。选择"手动 Manual"＋"Open"，开启顶盖。在顶盖完全打开的状态下，使用 2 个手拧螺丝，将风管安装在风扇口下端。注意风管的出风口一侧应对准箱体腔中心。

2. 开始自动测量

（1）准备运行。将"手动/自动"开关切换到 Auto，"手动控制"开关切换到空挡 Neutral。顶盖自动打开，进入待测状态。

（2）运行控制器。打开控制器门，检查 CO_2 吸收瓶已接好，SD 卡已插在控制器左下方的圆孔内。按下电源按钮开机，等待预热 30 min，待分析器指示灯亮起，预热完成，可以开始测量。

3. 参数设置

（1）设置参数。在控制器屏幕上点击 SET 进入设置页面。

① 设置实验开始日期和时间。

② 设置测量箱数：一般输入正在使用的测量箱的数量，但如果只使用 1 个测量箱进行测量，则将测量箱数设置为 2，并把第 2 路的进气口保护帽取下，保持第 2 路进出气口通畅。

③ 设置单次测量数据记录时长：每个测量箱单次测量数据记录时长，一般情况不能低于 1 min，防止获取的有效数据不足。对于通常的植物冠层一般设置 1.5 min，对于土壤或冠层呼吸测量一般设置 3 min。

④ 设置打开时长：顶盖打开时长，默认值为 0 min 0 s。

⑤ 设置数据记录等待时长：从顶盖开始关闭到开始记录数据的时长，默认值为 10 s。

⑥ 设置完成后，点击 SAVE 来保存设置。

（2）开始测量。

① 参数设置完成后，点击 RUN、START 测量开始，点击 DATA 可看到测量值。

② 注意在测量过程中是不能设置参数的，如需重新设置参数，依次点击 PAUSE、BACK、SET、SAVE 进行设置，设置完成后点击 RUN、START 继续测量。

（五）仪器保管

测量结束或遇到极端风雨天气（黄色预警及以上），应按照以下步骤进行操作：

1. 及时关闭电源，控制器停止测量，拆下自动顶盖。将控制器、自动顶盖、线缆、箱体妥善保管于干燥、遮光、清洁的环境中。

2. 线缆应逐个取下，并卷起储放。注意线缆的两个端口不要掉落在泥土上，也尽量不要沾到雨水、泥水。雨天操作不小心进水后，应及时使用棉签等物品吸水，并清洁线缆端口，使其干燥。

3. 每次完成测量后，测量箱的透光板都需要用清水清洁，并遮盖（使用苫布或移入仓库）以防尘防老化。遇到大风天气时，测量箱应当整体移到仓库内，或用绳索固定，避免被大风吹翻。

4. 存放自动顶盖时，应首先轻微抬起玻璃盖，将拉线从滑轮中取下，然后拆下 L 形支架并妥善存放，最后将自动顶盖放置在支架上，多个顶盖可以上下叠放。自动顶盖应尽量存放在室内，以减少密封条的老化。大风或大雨天气时，自动开合功能会受风力干扰无法正常工作，并且完全打开的顶盖在瞬时强风下也可能被吹翻，顶盖应停止使用。

5. 控制器应当存放在室内，重新开机，除去因从户外移至室内控制器内及管路内可能产生的凝结水，于 10 min 后关机，放置于仪器箱内。大风或大雨天气时，大风可能吹翻三脚架及控制器，控制器应停止使用，气路一旦大量进水，会严重损坏红外气体分析器，造成严重后果。

（六）数据分析

1. 利用 CAPTS Suite 软件分析数据

CAPTS 冠层光合气体交换测量系统记录的是原始数据，即各个传感器测量的实时数据。其原理是通过检测箱体内 CO_2 浓度变化率来测量气体交换速率，因此需要对原始数据进行分析才能得出气体交换速率数据。分析过程包括数据的批量读入、质量控制、数据拟合、结果文件输出等步骤。

2. CAPTS 数据导出

建议每天取出存储卡，将卡内全部数据复制到电脑中备份，并且每日的数据分类放置不同的目录下并做好实验记录。操作如下：将主机关机，取出存储卡，利用读卡器将存储卡内数据复制到计算机的本地硬盘，注意存储目录名的各级目录名需要用英文或数字，并且存放数据的子目录内不能有除 CAPTS 原始数据文件以外的任何其他文件，否则会出现数据自动读入错误。在导出数据后，务必及时在实验记录本上记录测量数据的每个测量箱对应的植物材料名称、实验处理条件等信息。

3. 软件操作

（1）软件界面上的参数设置。

CAPTS data directory：点击 Browser 选择数据所在目录；

CAPTS version：选择 2；

Controller ID：设置为 1；

Chamber volume：填写实际测量箱的体积为 1.5 m^3；

Chamber ground area：填写测量箱底面积为 1 m^2；

勾选 Use default 后，可以从软件界面上输入计算冠层光合使用的温度和气压数值，这一功能只有当 CAPTS 原始数据中的温度和气压数据测量不准时使用，一般情况，不勾选 Use default；

Data log time：输入 CAPTS 主机设置的单次测量数据记录时长（$t-1$）s，即当 CAPTS 主机上设置的单次测量数据记录时长为 1 min 30 s，则此处设置 89 s；

Begin time shift：设置每次剔除测量开始记录的 t 时间内的数据，一般为 10 s，也可以根据原始数据的开始阶段的数据波动情况调整更长时间。当 Data log time 为 89 s，Begin time shift 为 10 s，则使用每次测量数据中的第 11 秒至第 89 秒的数据进行拟合分析计算得出气体通量速率；

R - square（CO_2 linear fit）≥：此处设置 CO_2 拟合优度的阈值，低于该阈值的测量将在分析时被标记为 NA，一般设置为 0，则输出全部数据，可以在后期自行对数据进行筛选；

Coefficient of variation（PPFD）≤：此处设置每次测量的过程中光量子通量密度 PPFD 的变异系数阈值，高于该阈值的将被标记为 NA，一般设置一个较大数（如 99999），则输出全部数据，可以在后期自行对数据进行筛选；

Output file format：选择 .csv 格式；

Processed data：自动生成，文件为输出的处理后的测量数据；

Result data：自动生成，文件为输出的测量结果数据。

（2）使用 CAPTS suite 一键分析处理数据。点击 Run，开始软件自动处理数据，首先是读入选择的目录下的全部原始文件，其次，软件开始分析处理数据，最后，软件对处理后的结果写入到文件中。当软件运行结束后，会出现数据分析完成的提示对话框，点击 OK 即可。

返回到数据所在的目录即可看到以 _ Ac.csv 和 _ data.csv 为后缀的文件，_ Ac.csv 文件为冠层气体交换速率的结果文件，_ data.csv 为处理后的数据文件。主要看 _ Ac.csv 文件。

（3）分析结果文件数据格式。双击打开 _ Ac.csv 文件，如下：

	A	B	C	D	E	F	G	H	I	J	K	L	M	N	O	P	Q	R
1	Chamber ID	Year	Month	Day	DOY	Time	Seconds	PPFD	Temperature	Relative humidity	H_2O	CO_2	Air pressure	Ac	Ec	R^2	PPFD coefficient of variation	IRGA mode
2	1	2020	4	17	108	15:10:58	54658	220.1	22.1	62.25	14.725	389.9	101.9	12.48	2.5	1	15	Measure
3	1	2020	4	17	108	15:33:24	56004	195.2	21.4	60.12	24.725	389.9	101.9	12.51	2.5	1	1.13	Measure
4	1	2020	4	17	108	15:55:50	57350	210.9	21.1	57.33	34.57	178.9	101.9	12.52	-0.33	1	1.67	Measure
5	1	2020	4	17	108	16:18:16	58696	299.6	21.4	54.68	33.025	268.9	101.9	-82.3	2.5	0.21	1.44	Measure
6	1	2020	4	17	108	16:40:42	60042	126.6	20.9	55.05	30.425	237.9	101.9	12.53	2.51	1	1.57	Measure

其中：

Chamber ID：测量箱编号。

Year：年，Month：月，Day：日，DOY：从年初数的第几天。

Time：时间。

Seconds：以秒为单位的时间，等于 Time 中的时×3 600＋分×60＋秒。

PPFD：光量子通量，该测量数据为测量箱外部的光量子通量，单位 $\mu mol \cdot m^{-2} \cdot s^{-1}$。

Temperature：空气温度，该测量数据为测量箱外部的空气通量，单位℃。

Relative humidity：空气相对湿度，该测量数据为测量箱外部的空气相对湿度，单位 %。

H_2O：水汽浓度，该测量数据为每次测量过程中测量箱内空气的平均水汽浓度，单位 ppt。

CO_2：CO_2 浓度，该测量数据为每次测量过程中测量箱内空气的平均 CO_2 浓度，单位 $\mu mol \cdot mol^{-1}$。

Air pressure：大气压力，该测量数据为测量箱外部的大气压力，单位 kPa。

Ac：CO_2 通量速率。如果是日间，测量的为净冠层光合速率；如果是夜晚，测量的为冠层呼吸速率，单位为 $\mu mol \cdot m^{-2}$ ground area $\cdot s^{-1}$。

Ec：水汽通量速率。即蒸腾速率，冠层蒸腾速率或者土壤水分散失速率，单位为 $mmol \cdot m^{-2}$ ground area $\cdot s^{-1}$。

R^2：为 CO_2 原始数据线性拟合时候的 R‐square（确定系数）。如果数值是－1，表示该数据被剔除，也就是该次测量时分析器预热或调零中。

PPFD coefficient of variation（%）：光量子通量变异系数。光量子通量在该次测量过程中会波动变化，尤其在多云天的时候，剧烈的波动会导致测量结果不准确，PPFD_CV 越高，说明光强波动越显著。

IRGA mode：分析器的模式，Zeroing 为调零，数据不可用；Measure 为测量，数据可用。

（4）利用 Excel 作图。利用 Excel 的"筛选"功能将 IRGA mode 为 Zeroing 的剔除掉，再将不同 Chamber ID 的数据分别作图进行分析。一般进行两种作图方式：

第一种，将 time 作为横坐标，Ac 或 Ec 作为纵坐标可以绘制全天的冠层气体交换速率曲线；

第二种，将 PPFD 作为横坐标，Ac 或 Ec 作为纵坐标可以绘制冠层气体交换速率的光响应曲线。

作图后，调整纵坐标轴范围，一般"－10～50"。如果需要进一步剔除掉低质量的测量数据，可以依据"CO_2 linear fitting"的不同阈值 0.1、0.3、0.5 或 0.9 等进行筛选（R^2 越高测量数据质量越高）。还可以根据 PPFD coefficient of variation（%）的阈值进行筛选（该值越低数据质量越高）。

五、注意事项

1. CAPTS 箱体透光板和密封条在使用过程中，需要根据使用情况进行更换。

（1）箱体透光板。当透光性严重下降时，需联系厂家更换，具体更换周期与日常清洁和存放环境有关，一般周期为 3 年。

（2）密封条。密封条分别位于底座上部、自动顶盖下部、自动顶盖上部（与玻璃交界处）。当密封条出现老化现象，并影响气密性时，需要更换。一般周期为 1 年~2 年。

2. 波纹管线两端的线缆接头和采样管不可以碰水及任何液体，否则主机可能会将水吸入，导致内部元器件损坏！线缆触碰水会导致短路引起主机内部器件损坏，长期不使用管线时，将采样管两端用保护帽盖紧，以防昆虫和泥土进入。

六、思考题

1. 测量作物群体光合速率、蒸腾速率的重要意义是什么？
2. 作物冠层气体交换测量系统安装前需要对哪些部位进行检查和处理？
3. 作物冠层气体交换测量系统测试完成后应如何进行保管？

七、参考文献

吕丽华，赵明，赵久然，等.2004. 不同施氮量下夏玉米冠层结构及光合特性的变化［J］. 中国农业科学，41（9）：2624 - 2632.

杨粉团，曹庆军，梁尧，等.2015. 玉米定向栽植模式下冠层结构及光能分布特征研究［J］. 广东农业科学，42（12）：33 - 37.

第三节　作物叶片荧光参数的测定

——荧光仪

作物生长过程中通过光合作用将接收到的太阳能转换为可供作物利用的化学能，以此来供给植物生长所需的基本能量。光合作用主要依赖于叶绿素吸收光能，叶绿素分子吸收光能后，外周电子就会从基态跃迁到能级较高的第一单线态和第二单线态，处于激发态的电子是不稳定的，当它们回落到基态时，能量除了以荧光形式发射外，一部分能量通过分子振动进入反应中心用于光化学反应，其余以热的形式散失，因此可以通过叶绿素荧光强度的变化探测光合活性的变化。另外，当生物受到胁迫影响到叶片光能的捕获、电子的传递、CO_2 固定等过程时，叶绿素荧光强度会发生变化，叶绿素分子被激发后所发出的荧光信号能够用于表达作物进行光合作用的能力和光合作用的程度，因此，可以通过叶绿素荧光强度的变化计算得出光化学效率、热耗散效率等参数。

作物生理状态的变化能够通过叶绿素荧光动力学曲线的波动表达出来，如水分和营养胁迫等，在测定叶片光合作用过程中光系统对光能的吸收、传递、耗散、分配等方面，叶绿素荧光动力学技术具有独特的作用，与"表观性"的气体交换指标相比，叶绿素荧光参数更具有反映"内在性"特点。因此，叶绿素荧光动力学技术被称为测定叶片光合功能快速、无损伤的探针。叶绿素荧光信息可以用来判断作物的感病、干旱、盐胁迫等，如 Fo 是 PSⅡ（光系统Ⅱ）开放状态下的最小荧光，它反映植物对逆境胁迫的适应能力。环境中 CO_2 浓度的骤变同样会引起叶绿素荧光参数的变化。有研究表明，叶绿素荧光参数 Fo、Fm、Fv/Fm、φPSⅡ 可以灵敏地对玉米所处的环境作出响应，其中 Fv/Fm 可以反映出玉米的生长状态。通过对叶绿素荧光参数的荧光诱导曲线在坐标系上的面积与 Fv/Fm 的值进行分析，能够观察冬小麦对除草剂的敏感性反应，并以此推测出除草剂对冬小麦的光合作用的影响程度。不同叶位的日光诱导叶绿素荧光信息，可实现水稻叶瘟病早期阶段感病叶片的准确识别；干旱胁迫、盐胁迫都会导致小麦叶片叶绿素荧光参数发生变化；CO_2 浓度骤增会显著改变冬小麦主要生育期叶片中的叶绿素荧光特性，使 PSⅡ 反应中心受损，光合作用能力减弱。对许多植物品种的测定表明，Fv/Fm 与光化学量子效率之间都有密切的关系，因此，人们广泛利用 Fv/Fm 作为植物逆境反应的筛选参数。

便携式荧光仪能够测定各种光适应及暗适应条件下的荧光参数，准确记录叶绿素荧光诱导动力学曲线，进行慢速荧光诱导曲线及淬灭分析、暗弛豫分析快速光曲线和荧光启动曲线，可用于研究作物在各种环境条件下的光化学效率、光抑制和光破坏防御机制，研究作物在干旱、低温、高温、UV、污染、重金属等各种逆境条件下的抗逆性，用于高光效植物和抗逆品种的筛选等。荧光仪目前有调制式荧光仪、连续激发式荧光仪、延迟荧光仪和常温/超低温荧光光谱仪等，本节主要介绍较常用的调制式荧光仪、连续激发式荧光仪。

一、实验目的

学习并掌握作物叶绿素荧光参数 Fo、Fm、Fv/Fm 等测试的原理与分析方法，熟练掌握便携式脉冲调制式荧光仪和连续激发式荧光仪的操作步骤及注意事项。

二、实验原理

脉冲调制式荧光仪一般有 4 种光，作用光（$1\ \mu mol\cdot m^{-2}\cdot s^{-1}\sim 2\ 000\ \mu mol\cdot m^{-2}\cdot s^{-1}$），用于模拟作物照光环境；饱和光（$3\ 000\ \mu mol\cdot m^{-2}\cdot s^{-1}\sim 20\ 000\ \mu mol\cdot m^{-2}\cdot s^{-1}$），用于使所有电子传递体都被还原从而完全关闭反应中心；远红光，用于排空光系统Ⅱ（PSⅡ）受体侧的电子，使 PSⅡ反应中心完全开放；调制测量光（$0.001\ \mu mol\cdot m^{-2}\cdot s^{-1}\sim 1\ \mu mol\cdot m^{-2}\cdot s^{-1}$），用于激发叶绿素荧光并被检测器记录。在测定时，利用脉冲调制荧光技术把作用光信号与荧光信号区分开，给作物叶片施加一个脉冲调制光束，该脉冲光是频率固定的脉冲调制光（即高频闪光），由其激发的荧光也呈现相同频率的闪烁，使作物叶片产生一个脉冲的荧光信号，脉冲荧光信号的大小可以反映出叶片生理状况，因此，由脉冲调制光束诱导出的脉冲荧光信号可用来作为研究植物在各种环境条件下的光化学效率、光破坏防御以及抗逆性的有力工具。

连续激发式荧光仪能够同时分析光系统Ⅰ和光系统Ⅱ活性以及光合电子传递链活性，其发出的快速荧光信号由高强度的红色 LED 光源，最高为 $5\ 000\ \mu mol\cdot m^{-2}\cdot s^{-1}$ 光强激发叶片产生，通过低噪音快响应的 PIN 光电二极管检测荧光信号，并经过高性能的 16 bit A/D 转化器转换为低信噪比输出信号，来测定快速叶绿素荧光诱导动力学曲线；P700＋吸收曲线的测定是通过一个光学滤光片、820 nm 的调制 LED 光，测定叶片的 P700＋吸收率测量，P700＋的活性通过低噪音快响应 PIN 光电二极管检测，并经过高性能的 16 bit A/D 转化器转换为低噪音的输出信号；延迟荧光是测定绿色植物、藻类、光合细菌照光后发出的一种波长更长、快速荧光之后的光，快速荧光在光谱的红—远红光区，而延迟荧光比快速荧光低两个数量级，因此，需采用更高灵敏度的检测器来检测该信号。该仪器为研究植物光合机构两个光系统活性、光能吸收和捕获以及激发能传递等过程提供一个完整的解决方案。

三、仪器及测试步骤

（一）调制式荧光仪

以英国 Hansatech 公司的 FMS－2 型便携调制式荧光仪为例。

1. 仪器构成

FMS－2 型便携调制式荧光仪见图 1－14，主要由主机、光纤、叶夹适配器、叶夹、电池、充电器、控制及分析软件组成。

2. 测试的原理

FMS－2 的功能参数是测量最常用的荧光参数。最常用的荧光参数可以分

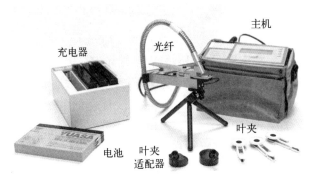

图 1-14 FMS-2型便携调制式荧光仪结构组成

为两组，一组是暗适应的荧光参数，另一组是在自然光下或者 FMS 启动作用光下进行光合作用时测得的荧光。

（1）光适应测定过程。对光适应的植物组织来说，PSⅡ电子受体的比例已经减少，部分 PSⅡ作用中心已关闭，同时非光化学竞争过程也在运行。因此吸收到能量用于光化学反应的比率并非最大。当用光适应下测定的可变荧光与最大荧光比例的变化与暗适应下的 Fv/Fm 对照，便可以用 Genty 方法计算出 PSⅡ的实际量子效率（φPSⅡ）。

（2）暗适应操作过程。暗适应抑制了所有的需光过程，光化学反应停止足够长一段时间，可以使 PSⅡ电子受体完全处于氧化状态，打开了 PSⅡ的作用中心，最大程度提高了光能用于光化学反应的可能性。通过在这种状态下测定的参数来计算 PSⅡ的最大量子效率。

3. 操作步骤

（1）仪器的安装。

① 将专用电池充满电后正确安装到仪器内部。

② 将光纤一端连接到仪器后部接口处，另一端连接叶夹适配器。

（2）叶片荧光参数测定方法的建立。

① 将仪器控制软件安装在计算机上，用通讯线缆连接荧光仪主机与计算机。

② 打开主机开关，在主机显示屏上按下 PC 键选择 PC mode，将主机与计算机相连；在计算机上打开 Modfluor 程序，选择 Script 进行方法的编辑，仪器出厂时自带两个测定程序，分别为通道 1 和 2，还可以再装载四个测定程序。

③ 打开程序编辑器 The script editor，在 Title 一栏输入文件名称，然后根据实验需要将调制光、作用光和远红光、脉冲光的强度以及作用时间等指令执行顺序拖至右侧程序栏内。具体需要设置的参数及图标如表 1-2。

表 1 - 2　FMS - 2 型便携调制式荧光仪设置参数功能表

指令	图标	功能	所需设置	采集测定的参数
GAIN	None	设置增益	（1～100）	
MOD	None	调制光	Mod level（0～4）	
ID	I.D.	在 "Local mode" 用小区 ID	N＝Treat No M＝Replicate No	小区 ID
ACT		作用光	（0～50），0 关闭	
SAT		饱和光	（0～100）5 s 后自动关	
RED		远红外光	N＝1 ON N＝0 OFF	
BEEP		蜂鸣	延续时间 s	
DAC	DAC	用户接口	电压输出 mV	
DIG	DIGIT	用户接口	N＝0 所有端口关闭 N＝1　N＝2　N＝4　N＝8 e. g. N＝12 设置端口 3＋4	
TEXT	T	显示文本	最多 20 个字符	
CLR	T	清除文本	没有	
LOG		贮存数据	N＝1 采集数据 N＝0 不采集数据	
WAIT		暂停的时间周期	时间 s	
WKEY		暂停直到按键		
WMON	8888	暂停直到按键 暂停过程中显示数据		
WDON		暂停直到数字输入上升		
WOFF		暂停直到数字输入下降		
WLEV		暂停直到稳态		
PAR		贮存测定的光强度		PAR 读数
PARH		贮存测定的高值 PAR		PAR 读数
TEMP		贮存温度		温度读数

（续）

指令	图标	功能	所需设置	采集测定的参数
FLAV		在一段时间内平均数据，贮存平均值		
FMAX		追踪信号，贮存最大值		
FMIN		追踪信号，贮存最小值		
RATE		追踪信号，计算和贮存信号的变化		

④ 仪器默认的通道 1 程序 "Exp ♯ 1 Fv/Fm" 的指令组成如下：

　　GAIN：50

　　MOD：3

　　Fv/Fm：2.5，85，0.7

　　BEEP：0.1

这个程序是用于测定样品的最大光化学效率 Fv/Fm。此参数测定需要样品进行暗适应，一般暗适应 30 min 以上。其中，GAIN 为增益，50 为 50%，是仪器信号值的放大倍数；MOD 为调制光，3 为测定等级，调制光光强不高于 $0.05\ \mu mol \cdot m^{-2} \cdot s^{-1}$，照射到样品时不会对光合机构造成影响，只产生脉冲式的荧光，便于仪器监测荧光变化；Fv/Fm：2.5，85，0.7，代表测定参数 Fv/Fm，使用的是 85 档（约 15 000 $\mu mol \cdot m^{-2} \cdot s^{-1}$）的饱和光，饱和光脉宽是 0.7 s，照射持续时间是 2.5 s；BEEP 为蜂鸣警报，0.1 为持续时间，该功能用于提示测定结束。

⑤ 仪器默认的通道 2 程序 "Exp ♯ 2φPSⅡ" 的指令组成如下：

　　GAIN：50

　　MOD：3

　　φPSⅡ：2.5，85，0.7

　　BEEP：0.1

这个程序是用于测定样品的实际光化学效率 φPSⅡ。此参数测定需要样品进行光适应，光适应 1 h 以上。其中，GAIN 为增益，50 为 50%，是仪器信号值的放大倍数；MOD 为调制光，3 为测定等级，调制光光强不高于 $0.05\ \mu mol \cdot m^{-2} \cdot s^{-1}$，照射到样品时不会对光合机构造成影响，只产生脉冲式的荧光，便于仪器监测荧光变化；φPSⅡ：2.5，85，0.7，代表测定参数 φPSⅡ，使用的是 85 档（约 15 000 $\mu mol \cdot m^{-2} \cdot s^{-1}$）的饱和光，饱和光脉宽是 0.7 s，照射持续时间是 2.5 s；BEEP 为蜂鸣警报，0.1 为持续时间，该功能用于提示测定结束。

⑥ 将建立的测定程序上传到仪器主机，就可以携带单机到田间进行测试。

（3）田间测试。

① 开机。打开电源开关，仪器进入操作界面，按 EXP 进入选择实验程序。按屏幕上 Next，找到需要的测定程序文件，点击右上角的 OK 确认。

② 光适应下叶片荧光参数的测定。将光纤末端连接开放式叶夹适配器，选择程序 Exp ＃ 2 φPSⅡ后，根据实验要求，选取向光叶片，拨开叶夹遮光片，夹住叶片，让叶片直对太阳光，按 RUN 运行程序。测定结束后显示数据 Fs（稳态荧光）、Fm′（光适应最大荧光）以及程序计算出来的 φPSⅡ（PSⅡ实际量子效率），按 Yes 键保存，显示保存数据的记录号，将叶夹遮光片推上，让叶片进行暗适应，然后进行下一个叶片的测试。

③ 暗适应下叶片荧光参数的测定。选择程序 Exp ＃ 1 Fv/Fm 后，将夹有暗适应叶片（至少 30 min）后的叶夹与密闭式光纤适配器结合好，将叶夹遮光片推下，按 RUN 运行程序。测定结束后显示数据 Fo（初始荧光）、Fm（暗适应最大荧光）以及程序计算出来的 Fv/Fm，按 Yes 键保存，显示保存数据的记录号，然后返回到主菜单进行下一个叶片的测试。

（4）测试数据的导出及查看。

① 数据导出。在计算机上打开 Parview 32 软件，选定 File 中 Upload params，回车键确认，选定通道，点击 OK，此时，仪器上的数据下载至软件，但只显示编号、日期和时间。点击 Column headings，在出现的对话框中点击 Auto set，并点击 OK 即显示参数。选定 File 中 Convert to ASCⅡ，输入文件名保存文件，扩展名为"．ASC"。

② 查看数据。使用 Excel 软件查看数据。新建并打开 Excel，点击"文件—打开"，文件类型选择"所有文件（＊）"。找到保存的数据文件，打开，选中分隔符号，下一步，选择"，"，下一步，完成，即可在列表中查看测得的各项指标数值。

③ 测得的主要参数。

暗适应参数：Fo，Fm，Fv，Fv/Fm，Fv/Fo。

光适应参数：Fs，Fo′，Fm′，Fv′/Fm′，ΦPSⅡ（ΔF/Fm′），qI，qE，qT，qP，qNP，NPQ，ETR。

环境参数：PAR，Temp。

4. 注意事项

（1）光纤不要来回折叠，要沿一个方向卷起，否则光纤容易折断。

（2）叶夹测完要及时收回，以免遗落。

（3）测试前查看状态菜单还可以显示现存数据页的数目、剩余内存空间以及仪器内电池的电压。

（4）删除数据。在进行新的实验之前，必须清除旧文件为新的数据腾出空间，这时应将仪器连接到电脑，选择"Hardware—Clear memory"。软件将会提示哪些文件该删除。软件将从输入的页码开始清除，一直清除到最后一个数据。如果输文件号码是 5，从文件 5 到 10 将全部被清除。

（二）连续激发式荧光仪

以英国生产的 M-PEA 型植物效率分析仪为例。

1. 仪器组成

M-PEA 型植物效率分析仪结构组成见图 1-15，由主机、探头、12 V DC 外接电源、暗适应夹、控制及分析软件组成。

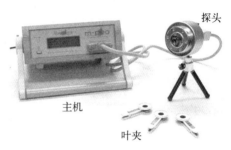

图 1-15　M-PEA 型植物效率分析仪结构组成

2. 仪器测试原理

M-PEA 是一款多功能植物效率分析仪，可测定快速叶绿素荧光诱导动力学曲线（OJIP 曲线）、P700＋曲线（820 nm 光吸收曲线）和延迟荧光。

OJIP 曲线测定原理：快速荧光信号由高强度的红色 LED 光源，最高为 $5\,000\,\mu mol \cdot m^{-2} \cdot s^{-1}$ 光强激发叶片产生，通过低噪音快速响应的 PIN 光电二极管检测荧光信号，并经过高性能的 16 bit A/D 转化器转换为低信噪比输出信号。M-PEA 软件对输出信号整理并计算，绘制 OJIP 曲线和五十多种 JIP-test 参数。

820 nm 光吸收曲线的测定原理：M-PEA 通过一个光学滤光片，产生 820 nm 的调制 LED 光照射叶片，测定叶片光系统 I（PS I）对 820 nm 的吸收。PS I 的活性通过低噪音快速响应 PIN 光电二极管检测，并经过高性能的 16 bit A/D 转化器转换为低噪音的输出信号。快速荧光曲线和 820 nm 光吸收曲线显示在同一坐标轴的 M-PEA 软件中。

延迟荧光的测定原理：延迟荧光是绿色植物、藻类、光合细菌照光后发出的一种波长更长、快速荧光之后的光。快速荧光在光谱的红-远红光区，而延迟荧光比快速荧光低两个数量级，因此必须采用更高灵敏度的检测器来检测该信号。

3. 仪器连接

（1）将探头和主机用连接光缆连接起来。

（2）将主机和电脑用 USB 数据线连接起来。

（3）将电源线接入主机的电源接口，并接通电源。

4. 软件操作

（1）双击电脑桌面 M-PEA 图标进入操作界面。单击手电筒图标"▮▮▯"

可测试荧光仪主机是否与电脑建立连接。

（2）依次点击操作界面菜单栏 M - PEA、Protocol editor，进入程序设定窗口，见图1-16。

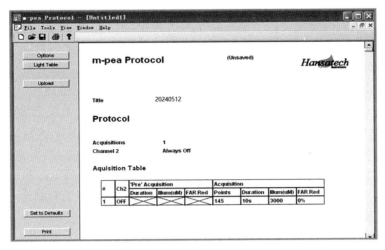

图1-16　M - PEA 程序编辑界面

（3）点击 Protocol editor 后，先点击 Options 编写程序，或者点击""，选择已有的程序，然后点击 Upload 将程序上传到仪器中，上传成功后程序名会显示在仪器主机的显示屏上。

OJIP 叶绿素荧光诱导动力学曲线测定程序：在打开的程序编辑页面点击 Set to defaults，设置为默认测定 OJIP 曲线的程序，点击 Light table 更改光强和测定时间。然后点击 Upload 即可。

同时测定 OJIP 曲线和 820 nm 光吸收曲线的程序：在打开的程序编辑页面点击 Options 弹出对话框，在 Title 一栏输入程序名，勾选"Channel 2"下的 Enable 激活 P700＋检测器，在 Intensity 处设定 820 nm 测量光强度。然后点击 Upload 即可。

同时测定 OJIP 曲线、820 nm 光吸收曲线和延迟荧光的程序：在打开的程序编辑页面点击 Options 弹出对话框，在 Title 一栏输入程序名，勾选 Channel 2 下的 Enable 激活 P700＋检测器，勾选 DF 下的 Enable 激活 DF 检测器，点击 Light Table 后显示 Light Table 窗口，更改光强和测定时间。然后点击 Upload 即可。

5. 样品测定

（1）将夹有叶片并暗适应 30 min 以上的叶夹和探头结合在一起，拨开遮光片。

① 首先点击橡皮图标""清除仪器中保存的数据。

② 点击图标 Go 运行上传到仪器中的程序。

③ 或者直接点击 ![icon]，仪器先执行①过程，然后执行② 过程。

注意：采取③的方式在清除数据的过程需要较长时间。

（2）程序运行结束后，将数据下载到电脑上，分别点击数据文件，查看获得的 PF（瞬时荧光）、Ch2（820 nm 光吸收）和 DF（延迟荧光）曲线。

（3）数据保存，依次点击 File、Save，存储数据。

6. 数据处理

（1）测得的数据可以用仪器的软件重新打开，进行数据处理。

（2）OJIP 曲线的优化。在同步测定延迟荧光时，OJIP 曲线会出现锯齿状波动。点击图标 ![icon]，打开平滑窗口，选择 "2 points" 校正，然后点击 OK，即获得优化后的 OJIP 曲线。

（3）参数（Parameters）导出。依次点击 File、Export Parameters，将获得的参数存储为 "＊.csv" 的格式文件，可以用 Excel 软件直接打开，对数据进行进一步的处理和分析。

（4）数据点（Data Points）导出。依次点击 File、Export data points、DF format，将获得的数据存储为 "＊.csv" 的格式文件，可以用 Excel 软件直接打开，对数据进行下一步的处理和分析。传出的数据点，可以在 Excel 等软件中作图，从 M‐PEA 中获得的 OJIP 曲线，820 nm 光吸收曲线以及延迟荧光曲线。

（5）测得的主要参数。

① 快速荧光参数：由 OJIP 曲线计算出来的 F_O，F_m，F_v，F_v/F_m，F_J，F_t，F_I，F_P，T_m（F_m 出现的时间），Area（F_o 与 F_m 曲线之间的面积，反映 PSII 电子受体库的大小），PI（光化学能指数），ψ_O，φ_{Eo}，φ_{Do}，V_t，V_J，W_K，PI_{ABS}，PI_{CS}，ABS/RC，TR_O/RC，ET_O/RC，DI_O/RC，RC/CS_O，RC/CS_M 等 50 多个叶绿素荧光参数。

② PSI 的最大氧化还原能力（P700＋的吸收）。

③ 延迟荧光参数。

7. 使用注意事项

（1）连接电源时请确保仪器处于关机状态。

（2）连接电源后仪器处于开机状态时，请不要拔插主机和探头之间的数据线。

（3）妥善保护探头窗口，避免窗口污染，擦拭时要使用柔软材料，不能使用清洗剂。

（4）仪器严格防水，确保测定材料表面干燥。

（5）测定过程中保持稳定，避免震动，否则会影响数据采集。

（6）对所有接口和连线一定要轻插轻拔。

四、思考题

1. 为什么要进行作物叶片荧光参数的测定？
2. 调制式荧光仪和连续激发式荧光仪有什么区别？

五、参考文献

程宇馨，薛博文，孔媛媛，等.2023.基于不同叶位日光诱导叶绿素荧光信息的水稻叶瘟病早期监测［J］.智慧农业，5（3）：35-48.

林之栋，师君慧，张文山，等.2023.根系氧环境对干旱胁迫下小麦幼苗生长及叶绿素荧光特性的影响［J］.山东农业科学，55（9）：32-38.

王文森.2018.基于叶绿素荧光动力学的大豆干旱/NaCl胁迫影响分析［D］.辽宁：沈阳农业大学.

殷楠，韦兆伟，姜倩倩.2023.大气CO_2缓增和骤增对冬小麦叶片叶绿素荧光特性的影响［J］.江苏农业科学，51（15）：86-93.

于海业，张雨晴，刘爽，等.2017.植物叶绿素荧光光谱的研究进展［J］.北方园艺（24）：194-198.

于文颖，纪瑞鹏，冯锐，等.2016.干旱胁迫对玉米叶片光响应及叶绿素荧光特性的影响［J］.干旱区资源与环境，30（10）：82-87.

张守仁.1999.叶绿素荧光动力学参数的意义及讨论［J］.植物学通报，16（4）：444-448.

赵世杰，董新纯.2022.植物生理学研究技术［M］.北京：中国农业出版社.

Korres NE，Williams RJF，Moss SR. 2006. Chlorophyll fluorescence technique as a rapid diagnostic test of the effects of the photosynthetic inhibitor chlorotoluron on two winter wheat cultivars［J］. Annals of Applied Biology，143（1）：53-56.

Li YT，Li X，Li YJ，et al. 2021. Does a large ear type wheat variety benefit more from elevated CO_2 than that from small multiple eartype in the quantum efficiency of PSⅡ photochemistry? ［J］. Frontiers in Plant Science，12：697-823.

第四节　作物群体荧光参数的测定
——移动荧光成像系统

植物光合作用的基本功能单位为叶绿体，光合作用发生于叶绿体内的类囊体（Thylakoid）膜上，类囊体膜上嵌插有光系统Ⅰ和光系统Ⅱ（PSⅠ和PSⅡ），被称为光合作用单位。PS I 由 P700（叶绿素 a 最强吸收波长为 700 nm）、电子受体（铁氧还蛋白）和捕光天线三部分组成；PS II 是含有多亚基的蛋白复合体，它由聚光色素复合体 II、中心天线、反应中心（叶绿素 a 最强吸收波长为680 nm，称为 P680）、放氧复合体、细胞色素和多种辅助因子组成。

获得光能的叶绿素分子从基态跃迁到激发态，激发能有三个可能的去向：一是能量被光反应中心捕获，用于光合能量转换；二是以热的形式耗散掉；三是释放光子，产生荧光。叶绿素荧光动态与光化学反应中的电子传递过程密切相关，且热耗散和荧光只占很小一部分。Kautsky 与 Hirsch 于 1931 年首次在《CO_2 同化新实验》中报道了用肉眼发现叶绿素荧光现象：经过暗适应的植物材料照光后，叶绿素荧光先迅速上升到一个最大值，然后逐渐下降，最后达到一个稳定值（这种现象后被称作"Kautsky effect"，即 Kautsky 诱导效应）。在叶绿素分子激发能的去向中，用于发射荧光的能量与用于光化学反应的能量之间呈竞争关系，光能转化的效率越高，叶绿素荧光量子产量越低，反之亦然。

对于健康的、暗适应的植物，当光合效率达到最大值的时候，叶绿素荧光光量子产量达到最小值。施以除草剂或者用饱和光脉冲照射，可瞬间阻断光合电子传递链，光化学转换速率为零，从而荧光达到最大值。目前叶绿素荧光已成为光合作用研究不可或缺的内容，叶绿素荧光技术成为植物生理生态学研究的最为重要和通用的技术手段，在作物抗逆、突变株筛选、产量预测、遗传育种、表型分析、病虫害监测，乃至水生生物学、海洋学等领域都得到了广泛应用。

一、实验目的

学习并了解作物叶绿素荧光测定原理与分析方法，熟练掌握 FluorCam 移动荧光成像系统的操作步骤及注意事项。

二、实验原理

Kautsky 诱导效应反映的是将暗适应的植物转移至光照下的过程中，叶绿素荧光的动态变化以及植物光化学量子产量的变化。在光合作用研究中，连续光照射下的 Kautsky 诱导效应测量应用较为广泛。它的激发光为连续、非PAM（脉冲调制技术，Pulse amplitude modulated technique）式光化光，以生理速率驱动光合反应，测量中可以用这种光来激发荧光。这种测量模式的优势是测量信号强度以及信噪比高于 PAM 模式。但需注意，在这种连续光模式下，荧光与光化光信号强度成正比，增强激发光，则荧光信号的强度变大，变化加快。但这种方式无法将荧光信号从背景光中区分出来。同时，在 Kautsky

诱导效应的初始阶段，荧光信号强度迅速上升，通常在荧光成像曝光时间内，不易确定 Fo 的真实值。

PAM 技术下的 Kautsky 诱导效应无论是测量暗适应植物进入光照下的过程还是光照下的植物的暗适应过程，都可以获取丰富的信息。短暂的测量光闪所激发的荧光，可以从连续光所激发的荧光以及背景光中区分出来。测量光闪非常短暂，因而引起的光反应中心翻转非常小，对植物暗适应状态的扰动可以忽略不计。测量光闪的频率恒定，因而测得的荧光信号 Ft 可以很好地用于荧光光量子产量 Φ（t）的计算，Φ（t）根据 ΦPSⅡ（t）的有效天线色素的面积成比例放大。

三、仪器及测试步骤

以捷克 PSI 公司生产的 FluorCam 移动式叶绿素荧光成像系统为例。

（一）仪器组成

FluorCam 移动式叶绿素荧光成像系统配备主机一套，包括 CCD 高分辨率镜头，LED 光源板，控制单元，数据获取及图像处理软件，电脑等。该系统装配在一个可以自由移动的支架上，成像面积为 35 cm×35 cm，适用于野外较大植物（如大豆、小麦）的原位无损测量。该系统组成如图 1 - 17 所示。

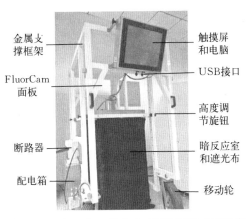

图 1 - 17 FluorCam 移动式叶绿素荧光成像系统

利用该系统可以获得一个完整的叶绿素荧光淬灭过程。叶绿素荧光淬灭动力学曲线如图 1 - 18 所示。

（二）测试样品准备

实验前，所有待测样品都需要在仪器箱体中进行至少 15 min 的暗适应，暗适应结束直接进行测量。另外，测试操作过程中，需保证实验样品保持在黑暗状态下（很短暂的光线直射就会破坏暗适应）。如样品较多，可在暗室中进行操作，或者使用黑布将仪器和样品完全遮住进行暗适应和测量。

（三）仪器安装与启动

1. 硬件安装

将电源线接通，通过 USB 线将 FluorCam 仪器连接至计算机 USB 2.0 接口，依次打开 FluorCam 电源，FluorCam 主机和电脑，并取下 FluorCam 主机

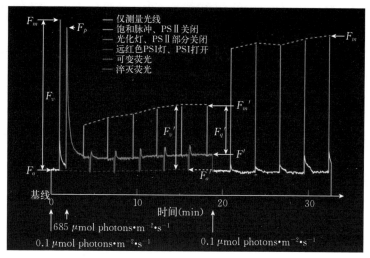

图 1-18　典型叶绿素荧光淬灭动力学曲线图及给光程序（Baker，2008）

镜头上的镜头盖。注意关机时需先关闭电脑，再关闭 FluorCam 主机，等待 1 s～2 s，直到主机上的指示灯都熄灭后再关闭 FluorCam 电源。

2. 软件操作

打开软件 Fluorcam 7。软件开启，若屏幕上出现雪花图案或报错提示，需检查主机电源、主机上电源指示灯是否点亮，USB 数据线是否连接正确。

（四）在 Live 窗口下调试仪器状态

在软件 Fluorcam 7 界面，打开"Live"窗口，实时显示 CCD 捕获的图像。右侧窗口部分可调整图像大小，"Get snapshot"按钮可获取实时荧光图进行保存。另外，光源调整区、相机调整区、彩色标尺区、滤镜调整区和荧光实时（Live）成像显示区可以根据实验需要进行调试。在 CCD 镜头下调焦方法如下：

（1）将预实验样品放置到仪器 CCD 镜头下。

（2）开启 Flashes 测量光，如成像不够明亮，可同时酌情开启 Act 1、Act 2，并调高光强。

（3）将相机快门 Shutter（中括号内数字最大为 2，如超过 2 将不能开启 Flashes）和相机 Sensitivity（一般为 60%～80%，如样品荧光极弱，可调至 100%）调高。

（4）调整 CCD 相机上的调焦旋钮，直到获得清晰的荧光图像为止。

（5）如图像不够清晰，重复 2～4 步骤，将图像调整到较为明亮后进一步调焦。叶脉较为清晰的样品，以能够清晰辨认叶脉为准；叶脉不清晰的样品，以样品边缘光滑、没有蓝色光晕为准。

（五）Protocol 测量实验程序操作流程

点击软件上方"Protocol and menu wizard"按键，即可打开叶绿素荧光成像测量实验程序（Protocol），选择界面（图 1-19），包括 Fv/Fm Protocol，Kautsky 诱导效应 Protocol，荧光淬灭分析 Protocol，用户定制光响应曲线等。

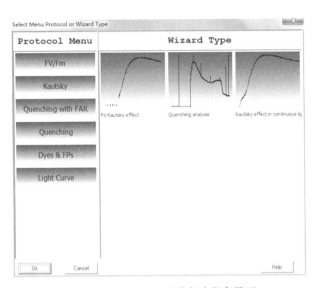

图 1-19　Protocol 测量实验程序界面

1. Fv/Fm

（1）点击 Protocol menu 左侧的 Fv/Fm 按键，点击 OK，软件返回 Live 界面。

（2）仅开启 Flashes，调整 Shutter 和 Sensitivity，使样品的荧光值在 500 左右（对应彩条的深蓝色）。Shutter 和 Sensitivity 应互相对应调整，Shutter 最大不超过 2（中括号内数字），Sensitivity 一般不超过 80%。

（3）点击左上方的 Protocols，进入 Protocol 设计界面。只有"include"命令到下面带 * 号的一行命令之间的参数可以修改。

（4）Shutter 和 Sensitivity 两项改成刚才在 Live 界面设置的数值。Act 2 和 Act 1 不需修改。Super 为饱和光强，需对实验样品进行预实验来确定合适数值，确定方式有两种，如图 1-20、图 1-21 所示。

（5）点击上方 Start experiment 按钮开始实验。

2. Kautsky effect

（1）点击 Protocol menu 右侧的 Wizard Type 中的 Fo kautsky effect，点击 OK，打开界面，其中，Fo duration 表示 Fo 的测量持续时间，Actinic light exposure 表示光化光作用时间。一般实验中可使用默认设置，点击 OK，软件界面返回 Live 界面。

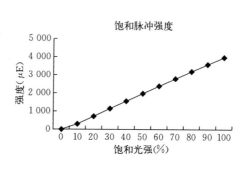

饱和脉冲	
饱和光强(%)	强度(μE)
0	0.0
10	283.0
20	716.0
30	1 140.0
40	1 560.0
50	1 980.0
60	2 393.0
70	2 798.0
80	3 201.0
90	3 602.0
100	3 991.0

图 1-20 利用 Light intensities 文件提供的饱和光的校准曲线

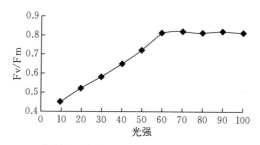

图 1-21 不同光强梯度下测得的 Fv/Fm 值建立的标准曲线

（2）参照 Fv/Fm 第 2 步的方法设置 Shutter 和 Sensitivity。

（3）点击左上方的 Protocols，进入 Protocol 设计界面。仅有"Include"命令到下面带 * 号的一行命令之间的参数可以修改。

（4）Shutter 和 Sensitivity 两项改成刚才在 Live 界面设置的数值。Act 1 一般以测试样品的正常生长光照为准，从安装光盘中的 Light intensities tables 文件中查出其对应的％值。如要进行高光强或低光强实验，可自行设定。修改好的 Protocol 可在此界面左侧进行保存，同一批次实验样品可使用同一 Protocol。

（5）点击上方 Start Experiment 按钮开始实验。

3. Qhenching analysis

（1）点击 Protocol Menu 右侧的 Wizard Type 中的 Qhenching analysis，点击 OK，打开界面，其中，Fo duration 为 Fo 的测量持续时间，Pulse duration 为饱和脉冲的持续时间，Dark pause after Fm measurement 为 Fm 测量后的黑暗暂停时间，此三项一般可使用默认设置。

Actinic light exposure 为光化光作用时间，需要根据预实验来确定。判断标准为最后两次测得的 Fm′（软件中为 Fm_Lss 和 Fm_Ln 的最后一个）基本相同，或者淬灭动力学曲线的 Ft 部分（图 1-18 中的 F′）逐渐走平，这时可认为实验样品到达光适应稳态。光化光作用应该达到光适应稳态后结束。

Relaxation interval 为暗弛豫间隔，如需研究暗弛豫状态，需根据实验设计与预实验调整；如不研究，可使用默认设置。First pulse after the actinic light trigger 为光化光开启多长时间后照射第一次饱和脉冲，如无特殊需要可使用默认设置。

Number of pulses、Pulses during kautsky、Pulses during relaxation 分别为总共的饱和脉冲次数（不含测量 Fm 时的第一次饱和脉冲）、Kautsky 效应（即光化光作用过程）中的脉冲次数、暗弛豫过程中的脉冲次数。如修改过 Actinic light exposure 和 Relaxation interval，需酌情增加或减少饱和脉冲次数，Pulses during kautsky 和 Pulses during relaxation 软件会按照比例自动分配。

（2）点击 OK，软件界面返回 Live 界面。

（3）参照 Fv/Fm 第 2 步的方法设置 Shutter 和 Sensitivity。

（4）点击左上方的 Protocols，进入 Protocol 设计界面。仅有"Include"命令到下面带＊号的一行命令之间的参数可以修改。

（5）Shutter 和 Sensitivity 两项改成刚才在 Live 界面设置的数值。Act 1 设定请参照 Kautsky effect 第 4 步，Super 设定请参照 Fv/Fm 第 4 步。修改好的 Protocol 可在此界面左侧进行保存，同一批次实验样品可使用同一 Protocol。

（6）点击上方 Start experiment 按钮开始实验。

4. Light Curve

（1）点击 Protocol Menu 左侧的 Light curve 按键，点击 OK，软件界面返回 Live 界面。

（2）参照 Fv/Fm 第 2 步的方法设置 Shutter 和 Sensitivity。

（3）点击左上方的 Protocols，进入 Protocol 设计界面。仅有"Include"命令到下面带＊号的一行命令之间的参数可以修改。

（4）Shutter 和 Sensitivity 两项改成刚才在 Live 界面设置的数值。Super 设定请参照 Fv/Fm 第 4 步。Act 2 和 Act 1 不需修改。Light A 和 Light B 为光强校准曲线的公式系数，具体数值查阅厂家提供 Light intensities 文件中相应的光化光校准曲线公式。Light intensity 即为光强百分系数。默认光强梯度为 10、20、40、60、80、100 不用修改。修改好的 Protocol 可在此界面左侧进行保存，同一批次实验样品可使用同一 Protocol。

（5）点击上方"Start experiment"按钮，开始实验。

5. 自动重复测量功能

选定要测量的 Protocol，并修改好所有参数，点击上方 Start script experiment，在弹出的窗口选择数据文件的保存路径，点击确定，设定重复次数 Repeat count 和间隔时间 Delay time（单位为 s），点击 OK，即开始自动重复测量。

（六）实验数据预处理

1. 点击 Start experiment 按钮，软件开始运行 Protocol 预设的实验。实验过程中点击 Stop 按钮可中断实验，软件下方会显示实验进度。

2. 实验结束后，软件会自动返回到预处理 Pre-Processing 界面，以 Qhenching analysis 的数据为例，界面左侧各项参数设定如下：

（1）Source view。Source 为分析数据源，一般使用默认的 Measuring 即可。Contrast 为对比，根据现有数据重新调节彩标的强度范围，一般可选。Select only 只在图像的二次划分中使用，一般不选。

（2）彩色标尺区。标示了荧光成像图里荧光强度的范围。彩标上有四个滑动箭头，可以将给定信号区间内的像素辅助划分为 5 个感兴趣区域。通过点击彩色标尺左侧的黑色竖直线，可以选择或者取消相应的彩标区间。

3. 荧光成像图像窗口，具体操作同上。

4. Selection 选区工具栏

（1）Min size 项为图像处理的最小像素数。只有高于此像素数的图像区域才会在彩标选区后识别为叶片。如果测量样品小，如刚萌发的种子等，需将数值改小，直到样品在荧光成像图像窗口被识别出来。该值如果设定太小，也可能会将背景中的一些零散噪点误划入选区。

（2）Boundaries 项一般不选。

（3）Background exclusion 项为自动进行彩标选区将背景剔除，但多数情况下需要使用者自己调整彩标区的滑动箭头。

（4）Auto 项为在 Auto 模式下，通过彩标选区或 Background exclusion 按钮的选取区域是整个荧光成像图的全部区域。

（5）Manual 项为在 Manual 模式下，使用者可通过图形工具手动指定需要进行分析的区域。手动设定好分析区域后，还必须要通过彩标选区或 Background exclusion 按钮来区分叶片区和背景区。

（6）动力学曲线图：绿色曲线为根据整个彩色标尺选区荧光强度平均值绘制的曲线图，红色曲线为鼠标所指像素点的荧光曲线图。

（7）Checkpoint 检测点编辑区，用于修改软件从动力学曲线上自动识别并代入公式计算的检测点，不要作任何修改。

（8）预处理完成后，点击右下角 Analyse 按钮开始分析，分析结束后，软件自动跳转到 Result 界面。

（七）结果分析

1. 荧光成像图像窗

当有多个样品或者手动指定的分析区域时，图像上会以 Area 1、Area 2、Area 3……顺序自动编号。

2. 荧光成像参数选择窗

选定的参数会在窗口 1 中放大显示。选定后，下方会显示这一参数的计算公式。右键选择 Save 可以保存此参数的成像图和彩色标尺；Set visible 可设定需要在此窗口显示的参数，一般使用默认设置即可。注：在保存成像图时，可以在上方菜单 Setup - general - result 界面勾选 Show selected only 项，这样所有的成像图背景就会统一为黑色。

3. 彩色标尺区

根据在窗口 2 中选定参数的范围，自动改变其刻度范围。

4. 数据区

（1）Graph。荧光动力学曲线图（图 1 - 22）。每个 Area 分别以不同的颜色表示。红色波折线为鼠标所指像素点的荧光曲线图。

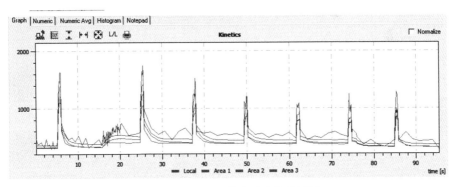

图 1 - 22　Graph 荧光动力学曲线图

（2）Numeric 和 Numeric Avg。计算得到的各项荧光参数，每个 Area 单独一行。Numeric 和 Numeric Avg 分别使用了不同的图像分析计算方法。以 Fv/Fm 为例，Numeric 的公式为 Fv/Fm＝Average［（Fm - Fo)/Fo)］，Numeric Avg 的公式为 Fv/Fm＝［Average（Fm）－Average（Fo)］/Average（Fo）。Numeric 计算方法更为正确，信噪比较低。背景噪音较大、图像噪点较多或实验样品荧光较弱的情况下建议使用 Numeric avg。一般在正常测量下推荐使用 Numeric。

（3）Histogram 项为直方图，直观表示成像图中不同荧光强度像素的比例与分布；Notepad 项为笔记，可在此处添加实验备注。

5. Display Mode 显示模式

（1）Color by Pixel。根据每个像素的荧光值显示成像图，保存成像图时一般都选择这一模式。

（2）Color by object。将每个 Area 按照 Numeric 的计算值显示成像图。

（3）Color by Avg。将每个 Area 按照 Numeric Avg 的计算值显示成像图。

6. Options

一般使用默认选项即可。Show number 项是否在成像图中显示 Area 编号；Histogram 项是否显示直方图；Checkpoint 项是否在 Graph 中显示 Checkpoint 检测点。

7. Value range

（1）Group color。编组上色。选定后会将同一类型的参数按照同样的彩色标尺刻度进行上色。在窗口 2 中同一类型参数的名称栏会变为同样的底色。

（2）Manual color。手动上色。选定此项可以在 Max 和 Min 中手动输入彩标刻度的最大值和最小值。

（3）Checkpoint 检测点编辑区。用于修改软件从动力学曲线上自动识别并代入公式计算的检测点，不要作任何修改，且下方的 Analyse 按钮也不需要点击。

（八）数据保存

（1）点击菜单左上方 Experiment，点击 Open 打开保存的数据。

（2）Save 和 Save as 可将测量过程中获得的所有中间过程原始数据和图像打包保存，保存格式为 .tar 压缩文件。可以用 FluorCam 7 打开，重新进行预处理和分析，导出荧光参数和图像。建议每次测量结束后都对原始数据进行保存。

（3）Export 为导出数据。Kinetic 为导出荧光动力学曲线的原始数据，使用者可根据这些原始数据绘制荧光动力学曲线。Frames numeric 为导出数据区 Numeric 栏中的荧光参数；Averages numeric 导出数据区 Numeric Avg 栏中的荧光参数；Histogram 为导出直方图的原始数据，可根据这些原始数据绘制直方图。这些数据文件为 .txt 格式，数据都已进行分列，可直接用 Excel 打开。Images 导出的图像文件为 fimg 原始图像数据，可用 ImageJ 软件自行分析。

（4）Export as AVI。将测量过程中样品荧光强度的变化过程以 AVI 视频格式导出。

（九）测得的相关数据参数说明

FluorCam 移动式叶绿素荧光成像系统在测定过程中会在仪器屏幕上实时显示各种参数信息，记录后仪器内部程序自动计算光合作用相关参数。该系统测得的各项参数代表的意义具体见表 1-3。

表 1-3　FluorCam 移动式叶绿素荧光成像系统测得的各项参数

参数符号	概念描述
Fo	暗适应后的最小荧光
Fo_Ln	光适应过程中的最小荧光
Fo_Lss	光稳态最小荧光，Lss 代表光稳态
Fo_Dn	暗弛豫过程中的最小荧光
Fm	暗适应后的最大荧光
Fm_Ln	光适应过程中的最大荧光
Fm_Lss	光稳态最大荧光
Fm_Dn	暗弛豫过程中的最大荧光
Fp	光适应过程初始阶段的峰值荧光
Ft_Ln	光适应即时荧光
Ft_Dn	暗弛豫即时荧光
Ft_Lss	光适应稳态荧光
Fv	暗适应后的可变荧光，=Fm−Fo
Fv_Ln	光适应过程中的可变荧光，=Fm_Ln−Fo_Ln
Fv_Dn	暗弛豫过程中的可变荧光，=Fm_Dn−Fo_Dn
Fv_Lss	光稳态可变荧光，=Fm_Lss−Fo_Lss
QY_max（Fv/Fm）	暗适应后的最大光量子效率，=Fv/Fm
Fv/Fm_Ln	光适应过程中的最大光量子效率，=（Fm_Ln−Fo_Ln）/Fm_Ln
Fv/Fm_Lss	光稳态最大光量子效率，=（Fm_Lss−Fo_Lss）/Fm_Lss
Fv/Fm_Dn	暗弛豫过程中的最大光量子效率，=（Fm_Dn−Fo_Dn）/Fm_Dn
QY_Ln	光适应过程中的实际光量子效率，=（Fm_Ln−Ft_Ln）/Fm_Ln
QY_Lss	光稳态实际光量子效率，=（Fm_Lss−Ft_Lss）/Fm_Lss
QY_Dn	暗弛豫过程中的实际光量子效率，=（Fm_Dn−Ft_Dn）/Fm_Dn
NPQ_Ln	光适应过程中的非光化荧光淬灭，=（Fm−Fm_Ln）/Fm_Ln
NPQ_Lss	光稳态非光化荧光淬灭，=（Fm−Fm_Lss）/Fm_Lss
NPQ_Dn	暗弛豫过程中的非光化荧光淬灭，=（Fm−Fm_Dn）/Fm_Dn
qP_Ln	光适应过程中的光化学淬灭，=（Fm_Ln−Ft_Ln）/（Fm_Ln−Fo_Ln）

（续）

参数符号	概念描述
qP＿Lss	光稳态光化学淬灭，＝（Fm＿Lss－Ft＿Lss）/（Fm＿Lss－Fo＿Lss）
qP＿Dn	暗弛豫过程中的光化学荧光淬灭，＝（Fm＿Dn－Ft＿Dn）/（Fm＿Dn－Fo＿Dn）
qL＿Ln	光适应过程中的光化学淬灭，＝qP＿Ln×（Fo＿Ln/Ft＿Ln）
qL＿Lss	光稳态光化学淬灭，＝qP＿Lss×（Fo＿Lss/Ft＿Lss）
qL＿Dn	暗弛豫过程中的光化学淬灭，＝qP＿Dn×（Fo＿Dn/Ft＿Dn）
Rfd＿Ln	光适应过程中的荧光衰减率，用于评估植物活力，＝（Fp－Ft＿Ln）/Ft＿Ln
Rfd＿Lss	光稳态荧光衰减率，用于评估植物活力，＝（Fp－Ft＿Lss）/Ft＿Lss

四、思考题

1. FluorCam 移动式叶绿素荧光成像系统工作测试原理是什么？

2. 利用 FluorCam 移动式叶绿素荧光成像系统测试样品要作哪些准备？

3. Protocol 测量实验程序具体包括哪几个部分？具体参数分别如何设置？

五、参考文献

郭天财，王书丽，王晨阳，等.2005.种植密度对不同筋力型小麦品种荧光动力学参数及产量的影响［J］.麦类作物学报，25（3）：63-66.

余利平，张春雷，马霓，等.2013.甘蓝型油菜对干旱和低磷双重胁迫的生理反应Ⅱ：叶片叶绿素含量及叶绿素荧光参数［J］.干旱地区农业研究，31（2）：169-175.

张守仁.1999.叶绿素荧光动力学参数的意义及讨论［J］.植物学通报，16（4）：444-448.

张向前，杜世州，曹承富，等.2014.种植密度对小麦群体质量叶绿素荧光参数和产量的影响［J］.干旱地区农业研究，32（5）：93-99.

Karel ROHÁČEK. 2002. Chlorophyll fluorescence parameters：the definitions，photosynthetic meaning，and mutual relationships ［J］. Photosynthetica，40（1）：13-29.

Neil R Baker，Annu Rev. 2008. Chlorophyll Fluorescence：A Probe of Photosynthesis In Vivo ［J］. Plant Biology，59：89-113.

本方法中仪器使用部分参考易科泰生态技术有限公司提供的《FluorCam 叶绿素荧光成像技术及其应用指南》手册.

第二章 作物水分生态指标
测定技术

　　水分是植物进行生命活动的物质基础，植物生长发育过程中，几乎所有的代谢活动都离不开水分。根据作物不同生育期的水分需求特点和土壤水分条件，调节水分供应、适时灌溉排水，是实现作物高产、优质的重要栽培措施。

　　水分供应对作物产量和品质有重要影响。水分是植物光合作用制造碳水化合物不可或缺的原料物质，光合产物的运输、各种养分的吸收转运、有机物质的合成与分解等生理活动都需要水的参与。干旱可显著增加籽粒蛋白质含量，在秸秆还田条件下，土壤水分条件影响还田秸秆腐解和氮素释放，土壤水分适宜时进行秸秆粉碎翻压还田有利于提高土壤有机质和碱解氮含量，而在干旱条件下秸秆还田导致小麦籽粒产量和蛋白质含量均显著降低。有研究表明，土壤水分胁迫条件下，净光合速率的降低与光合碳同化关键酶 Rubisco 的含量及活性、叶绿素含量以及叶片氮含量的变化密切相关，最终导致粮食产量大幅度降低。另有研究表明，水分能显著影响土壤养分的有效性，水田氮素的反硝化与挥发损失量相比旱地高 1 倍以上，其中铵态氮的挥发损失尤其大。植物通过蒸腾作用从土壤中吸收水分，维持体内温度的稳定，另外，种子发芽也需要吸收大量的水分。因此，掌握土壤水分状况，继而采取必要措施调节田间水分含量以调控作物的养分利用和生长发育是必要的作物栽培研究手段。

　　研究表明，不同作物的不同发育阶段和不同根系部位对水分的需求有明显差异。如豆类需要吸收种子重量90%～110%的水分才可以发芽，而麦类需要50%～60%，玉米需要40%即可萌发。一般作物苗期需水较少，营养生长阶段随着作物的生长，需水量逐渐增多直至最大，生殖生长阶段需水量逐渐减少。植物根系吸水部位随根系发育阶段的变化而变化，且不同植物种间存在差异，无法统一确定范围。因此，根据作物的不同发育阶段，探测田间土壤各层次含水量，进而采取相应调节措施对作物的生长发育具有重要意义。

第一节 田间表层土壤水分的快速测定
——土壤水分探测仪

一、实验目的

掌握 TDR 法测定土壤水分的原理，学习 TDR300 土壤水分探测仪测定土壤表层含水量的方法，并判断土壤的干旱程度以指导农业灌溉，为作物高产优质栽培研究提供依据。

二、实验原理

时域反射法（Time domain reflectometry，TDR）是利用介电特性测定电磁波在土壤中的传播速度，进而实现土壤水分快速测定的方法，具有不破坏样本、检测速度快、操作简单、结果可靠等优点，在生产实际中被广泛认可和应用。

电磁波的传播速度与传播介质的介电常数密切相关。基于水的介电常数与土壤介电常数的差异，可通过测量电磁波在土壤中的传输时间来确定土壤介电常数，从而利用土壤的介电特性间接测定土壤的含水量。电磁波在介质中的传播速度可由式（2-1）表示：

$$V = C/\sqrt{\varepsilon\mu} \tag{2-1}$$

式中，C 为电磁波在真空中的传播速度，即光速 3×10^8 m·s^{-1}，ε 为传播介质介电常数，μ 为磁化常数（土壤属于非磁性介质，因此 $\mu=1$）。电磁波在土壤已知距离内的传播速度可由式（2-2）表示：

$$V = D/t \tag{2-2}$$

式中，D 为已知的电磁波的传导距离，t 为传播这一距离所需要的时间，结合式（2-1）和式（2-2）可推导出土壤介电常数 ε 的计算公式：

$$\varepsilon = (C \cdot t/D)^2 \tag{2-3}$$

土壤水分含量等土壤理化性质决定了土壤介电常数 ε，通过测定土壤介电常数值，结合土壤介电常数与土壤水分的函数关系 [式（2-4）]，即可得到土壤的体积含水量。

$$\Theta = -5.3\times10^{-2} + 2.92\times10^{-2}\varepsilon - 5.5\times10^{-4}\varepsilon^2 + 4.3\times10^{-6}\varepsilon^3 \tag{2-4}$$

三、实验仪器

本方法所使用的仪器为美国 Spectrum TDR300（图 2-1）土壤水分仪，

是基于 TDR 时域反射的原理测量表层土壤的含水量。

TDR300 采用时域反射原理，测量的主要单位是体积含水量，范围为 0 到饱和（一般 50%左右），分辨率为 1%，精度为 3%（EC<2 ds/cm 和黏土含量<30%）。土壤水分测定仪可通过选配不同长度的测量探头来测量不同深度的土壤水分，探

图 2-1 TDR300 土壤水分测定仪

针有 3.8 cm、7.5 cm、12 cm 和 20 cm 四种可选，直径为 0.5 cm，间距是 3.3 cm。配合 GPS 系统绘制土壤水分分布图。读数表电源是 4 个 AAA（7 号）电池，电量一般可用 12 个月。

四、实验操作

（一）软件设置

安装软件，用数据连接线将 TDR300 和电脑相连。正确安装软件后会出现如下界面（图 2-2）。

（1）点击 Com port，选择正确的端口，根据具体情况而定。

（2）点击 Meter type 选择对应的仪器。

（3）点击 Download data 将 TDR300 中的数据下载到电脑中。

（4）点击 Clear memory 可清空 TDR300 的数据内存。

（5）点击 Meter settings 进行参数设置（图 2-3）。包括设置表的名称，开启读数表自动存储功能，开启 GPS 修正，设置时间，选择正确的探针长度和 RWC 相对含水量 5 种类型的设置，设置好后点保存。

（二）仪器操作

（1）首先将铁架展开，并用螺

图 2-2 TDR300 软件显示界面

图 2-3 TDR300 软件设置界面

母加以固定，在传感盒的底部装上探针。按"ON"键开机，仪器自检过程会显示当前电池的剩余电量和读数表中存储容量情况（100％为满）。

（2）"Mode"键可以切换 VWC 体积含水量和 RWC 相对含水量模式，一般情况下选择 VWC 体积含水量，RWC 相对含水量提供 2 种类型设定，如沙地、肥土等。"Delete/CLR AVG"键按一下即将上一个读数从平均数中剔除，持续按下将会清除所有的平均数。按"Read"即可读数，屏幕显示的 VWC＝Xx％为当前土壤体积含水量，PL＝Xx 为当前探针长度，A＝xx 为前几次测试的平均值，N＝xx 为测试的次数，一次最大可以存储 99 个读数，超过则需关机重启。

（3）仪器测量的是探针周围 3 cm 椭圆柱状体积土壤的含水量，整个探针必须完全插入土壤，如果对所测的某个数据不满意，可用"Delete/CLR AVG"键删除，同时会在平均值里减去该数据。

五、注意事项

（1）测量开始时，如若测量值一直显示为"0"，则需要进行标准校正。显示"Memory full"，表示内存已满，需要按步骤清空内存。

（2）在测量过程中，探针要全部插入测量区域且不可摇晃，如果有部分探针露在外面或与土壤之间产生气沟，则会造成读数偏低。同时注意避开坚硬或者有岩石的土壤，以免损坏探针。如果探针出现弯曲，不可用强力进行回正，也不能用重物敲击，以免破坏内部电子器件，或造成探针损坏，需要联系厂家进行维修。

（3）探针使用完必须清洁干净，避免手或外物直接接触探针。长期不使用仪器，必须将主机内部的电池取出，以免电池漏液腐蚀仪器，造成仪器电路损坏。

六、思考题

1. TDR 法测试土壤含水量的基本原理是什么？
2. TDR300 的使用注意事项有哪些？

七、参考文献

张益，马友华，江朝晖，等 . 2014. 土壤水分快速测量传感器研究及应用进展［J］，中国农学通报，30（5）：170 - 174.

本方法参考美国 Spectrum 公司提供的《TDR300 土壤水分测定仪使用说明及操作指南》.

第二节　耕层土壤含水量、盐分和温度的测定

——土壤三参数测量仪

作物生长发育离不开适宜的环境条件。土壤水分、盐分和温度三个参数对作物的生长发育特别是种子萌发有重要影响。土壤水分含量的多少直接影响作物根系生长和营养生长。土壤温度直接影响种子萌发、幼苗生长、根系呼吸作用、代谢反应及根系对水分及矿质元素的吸收、转运、贮存等过程。植物生长环境中盐分超过一定浓度也会影响作物生长，致使植物生长缓慢、发育不良。因此，测量土壤水分、温度和盐分含量对于指导农业生产有着重要的实际意义。

一、实验目的

学习掌握土壤三参数的测定方法，为指导作物栽培指导提供可靠依据。

二、实验原理

土壤三参数测量仪基于 TDR 技术设计而成。基本原理是根据土壤类型、容重、温湿度以及盐含量对土壤介电常数的影响，将电磁波在不同介质中传播时的波形变化信息记录下来，进而反映出土壤电介质特性。

图 2-4　EC-350 型土壤三参数测量仪

三、仪器

本方法所使用仪器为美国 Aquaterr EC-350 型土壤三参数测量仪（图 2-4）。

四、实验步骤

（一）仪器校准

为提高检测数值的准确性，使用仪器前需要对仪器功能进行校准。

1. 首次使用校准

（1）选择湿度适中、较柔软的地块进行校准。

（2）将探头缓缓插入土壤中，插入深度 15 cm 即可。

（3）按下面板上的"MSTR"或"TSET"按钮，得到土壤湿度读数。

（4）按下面板上的"TEMP"按钮，得到土壤温度读数。

（5）将湿度校准按钮"W"调至湿度读取，按下"EC"按钮 4 s，得到电导率读数。

校准完成后，擦拭探头。

2. 使用前校准

每次使用前或者连续使用 2 h 左右即需校准一次。

（1）将探头顶部完全浸入灌溉水中，并保持表头始终在水外。

（2）当探头完全浸入水中时，按下"MSTR"按钮，同时旋转"SET"旋钮直至表头读数为 100，校准完成。

3. 电导率校准

通常情况下，不需要进行电导率校准。当仪器读数明显异常且尝试其他操作无效后，可进行电导率校准。有两种校准方法，方法一适用于实验室环境，方法二适用于田间环境。

校准开始前，要确保表头左上角的"W"旋钮调至顺时针满位。

方法一：

（1）用标准电导率计测量水样电导率值。

（2）用待校准设备测量水样电导率值。

（3）调节"CAL"旋钮，使待校准设备读数与标准电导率计读数相同。校准完成。

方法二：

（1）擦拭探头。

（2）按下"EC"按钮，当指示灯亮起时，通过旋转"CAL"旋钮，将显示数值调整至零，校准完成。

（二）仪器操作

1. 测量土壤湿度

（1）将探头插至土壤适宜深度，确保探头与土壤紧密、充分接触。

（2）按下"MSTR"按钮，表头显示数据即为土壤水分数据。

2. 测量土壤电导率

土壤含水量越高，EC 350 测量读数结果越精准。因此，通常在灌溉后一段时间内测量土壤电导率。

（1）将探头插至土壤适宜深度，确保探头与土壤紧密、充分接触。

（2）按下"MSTR"按钮，表头显示土壤湿度读数后，将右上角的湿度补偿旋钮"W"旋转至显示的湿度值。

（3）按下"EC"按钮，指示灯亮，表头显示 μS 为单位的电导率值。

3. 测量土壤温度

（1）将探头插入土壤中，直至温度传感器被全部覆盖。

(2) 等传感器稳定 2 min～3 min 后，按下"TEMP"按钮，表头显示土壤温度读数。

五、注意事项

1. 不要将探头插入未知环境中，不要将探头强行插入岩石或硬质土中，如果土壤太硬，可以采用土钻制作预置孔，然后再将探头插入土壤中。

2. 探头表面塑料涂层比较脆弱，插入时不要用力过猛，以免损坏探头。

3. 每个位置采取多点检测方式，采用平均值为最终结果。

4. 每次测试完成后，用毛巾擦拭探头，以保证测量数据准确性。

六、思考题

测定土壤含水量、温度和电导率有何意义？

七、参考文献

本方法仪器操作使用部分参考美国 Aquaterr 公司提供的《EC‐350型土壤三参数测量仪使用说明及操作指南》.

第三节　田间深层土壤的水分测定
——中子水分探测仪

及时、准确掌握土壤含水量，特别是田间深层土壤水分状况，进而采取适宜的栽培耕作措施，对促进作物生长和提高农业生产效率具有重要意义。

一、实验目的

了解中子仪法测定田间深层土壤水分的原理，掌握 NP 中子仪的操作方法，为采取相应栽培调节措施改良作物生长环境条件提供依据。

二、实验原理

中子仪法是测定土壤水分的重要方法，具有不破坏土层结构、不限制测量深度、操作简单快捷等优点，农业科研中通常使用嵌入型中子仪原地测量土壤剖面含水量。

测量时，把内含中子源和中子探测器的探头放入预先钻好并装有测管的孔中。中子源持续发出稳定强度的快中子，快中子与土壤水分中的氢原子核发生碰撞，损失能量变成慢中子被俘获，释放出可以被检测到的伽马射线。通过慢中子云的密度与水分子间的函数关系可得到土壤水分含量数值。

三、主要仪器与用具

NP 水分仪（主要包含 CNC503B 型 NP 水分仪、计算机传输软件和传输电缆、充电器、"标准计数"用聚乙烯垫板、仪器箱），取样器、天平和烘箱。

四、实验步骤

（一）准备工作

1. 安装测管及测定土壤干容重

用配套的土钻打孔安装测管，钻孔要尽量垂直，测管露出地面的高度应大于 15 cm（如 20 cm），并且要尽量一致（因仪器底部测管插口深 10 cm，顶端刚好是探测器灵敏中心，即深度起始点）。NP 土壤水分仪计数与土壤体积含水量成正比，用环刀法测定土壤干容重。

2. 标定

NP 仪标定直线方程为：

$$W = AR/Rs + B \qquad (2-5)$$

式中：W 为土壤水分含量（$g \cdot cm^{-3}$）；R 为土壤中子计数；Rs 为标准中子计数；A 为斜率；B 为截距。

需要得到一系列 R/Rs 比值和对应的含水量 W 值，以便拟合求出 A 和 B。

（1）测标准计数 STD 值（即 Rs 值）。在存放仪器的房间内选一固定位置，将 NP 土壤水分仪底座放于聚乙烯垫板上，测量并记录数值。

具体操作如下：按"STD"键，仪器将进行 32 个 8 s 计数，测量结束后，显示当前 STD 值及 CHIR 值（即 X 值），X 值在 0.75～1.25 可用，存储并记录当前 STD 值，以便求计数比值。如果第一个 STD 值稍微超出正常范围，重复测定即可。

如果连续 5 次测量有 3 次超标，则表示探头出现故障；如果测得的第一个 STD 值就超出误差范围很多，且 STD 值反常，则表明仪器有问题，应及时联系维修。

（2）测定每层计数 R。标定取样时，先用仪器测完一根管后再取土样，以免干扰。测量时间选择至少 64 s，最好 256 s，每层测量完后记录计数 R，然后每层取样、烘干、称重，计算出容积含水量（即 W 值）。对不同标定层（一般表层 0～20 cm，深层 20 cm 以下），每一标定层的样本数要尽可能多（大于 30 个），表层更要尽量多取样。

（3）求标定方程 A 和 B。标定测量完毕后，得到一系列 R/Rs 比值和相对应的 W 值，对不同标定层（一般表层 0～20 cm，深层 20 cm 以下）用对应的 R/Rs 比值和 W 值拟合求出各自的标定直线方程的斜率 A 和截距 B，并记录下来，备查。

3. 输入标定直线斜率及截距（即 A、B 值）

按"CALIB"键，从上至下顺序编码输入，如表层输成 1 号，深层输成 2 号，以便于记忆。（也可不输入仪器内，待数据传输到计算机后，用 Excel 再计算）。

（二）正式测定

1. 充电

首次使用或仪器无电时及时充电。仪器使用的是可更换镍氢充电电池包，容量 1 300 mAh，满电后，可连续工作 50 h。仪器开箱首次使用，或显示"Power low"，或距离上次充电已有 2 周～3 周时，以及需要向计算机传输数据时，都应当充电，以保证仪器在充满电的情况下工作。充电时长通常为 14 h。

充电时，打开读数显示器，使显示器面板朝上（也可将显示器取下充电），连接充电器，指示灯亮，且触摸有微热感，表示充电正常。

2. 测标准计数

每次观测前都要测定标准计数 STD 值。在标定时的同一位置，以同样方法测定 STD，最好测 2 组 STD 值，如果当前标准计数和既往标准计数值相差不大（相差 10 个计数以内，即符合统计规律），且误差 CHIR 均在 0.75～1.25（95% 的概率范围内），认可并存储，按"ENTER/Y"键；如果当前标准计数和既往标准计数值相差较大，且 CHIR 不在 0.75～1.25，按"CLEAR/N"键（不认可），重新测量。如果连续 5 次测量有 3 次超标，即误差 CHIR 不在 0.75～1.25，则表示探头有问题，需要维修。

如果标准计数在一段时间内比较稳定，可考虑一直使用标定时的标准计数，上述每次测量前测得的标准计数可不储存。

STD 值测完后，仪器收好，运至观测场，并把仪器底座放于测管上。

3. 设定测量参数

测量前首先要设置相关参数。仪器表盘布局如图 2-5 所示。

（1）选择测量时间 T。依次按

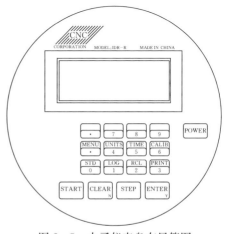

图 2-5　中子仪表盘布局简图

"TIME"键、"STEP"键和"ENTER/Y"键选择。对灌溉农田而言，一般选择 16 s 即可。选择测量时间越长，测得的数据越精确。

（2）设定深度参数。起始深度（即土壤表面下第一个测点），因仪器出厂时深度间隔（10 cm）和步进形式（自动 AUTO）已设定，不必重新设定，只需设定起始深度（MENU 菜单内第一项 Depth），起始深度一般从 5 cm 开始，即土钻0～10 cm取样的中心。

（3）设定区号、管号。区号和管号的设置在菜单（MENU）内第二项（Number）。

（4）设置年月日时分。该项设置在仪器出厂时已经设定，一般不需要改动，只是在更换电池过程时间较长或长时间不用无电时（开机无显示），充满电正常显示后需要重新设定（开机后会看到年月日时分不正确），具体设置在 MENU 菜单内第三项（Date）。

（5）清除无用记录：在菜单 MENU 内第四项（Erase）进行，对已记录过或已传输到计算机的数据要随时清除，以免占用存储空间。仪器本身可存储 300 组数据（每组数据包括区号、管号、深度、计数、含水量、测量时间、所用标定直线、年、月、日、时、分），输出的数据表台头有标准计数 STD 值、CHIR 误差值及 8 条标定直线方程对应的斜率 A 和截距 B 值。

至此，正式测定前的准备工作已全部做完。

4. 正式测定

（1）向测量管下放探头于起始深度处。建议深度计数器的设置从露出地面高度的差值开始，如露出 20 cm，则深度初始可调成 99980（测到地表时，刚好是 00000，地表下 5 cm，则深度计数放至 5，地表以下 15 cm，放至 15），深度计数器所显示的深度与主机显示深度一致，不易搞混。若露出 15 cm，则初始深度调至 99985。

CN 503B 型 NP 土壤水分仪出厂时深度计数器设定为 99980，即要求测管露出地面的高度为 20 cm。探头的灵敏中心（即深度起始定位点）距仪器背筒底部 10 cm，仪器的测管插口深度也是 10 cm。当仪器座放于测管上时，测管的顶端刚好插入到仪器的深度起始点，也就是说测管的顶端就是深度起始定位点。

（2）开始测量。用上述深度定位方法把探头下放到第一个测点（如 5 cm 深度处），开始测量。按"START"键，测量完毕，确定无误，则按"LOG"键和"ENTER/Y"键，存储记录，深度自动步进至 15 cm（指主机显示屏上 D），放电缆至 15 cm，同样方法，测完无误，存储记录，步进至下一个深度，依次重复，直至全部深度测完。

测量过程中在需要变换标定直线方程时按"CALIB"键，然后按"STEP"键跳步选定，按"CLEAR/N"键返回。

测量完第一根后，电缆收回，探头进入屏蔽体内。此时若深度读数不是99980，应调至99980。要准备测第二根时，管号也应变至2号，起始深度也应变为5 cm，标定曲线也要相应变换。重复上述操作直至全部测管数据测完。

注意：电缆下放和上拉时，手拽电缆在电缆通道上方大约50 cm处，并且尽量垂直匀速下放或上拉，否则，会产生较大的深度误差。

（三）仪器存放及数据处理

1. 收好仪器

全部测管测完后，扣好读数器，缠好电缆，从测管上取下仪器，盖好测管盖。当探头完全收回到背筒中时，中子源正好处于屏蔽装置的中心。运输存放时探头也应处于这个位置。

2. 数据查看

仪器送回存放房间，放好仪器，可拆下主机，带回办公室或计算机房，准备查看数据或传送至计算机。

按"RCL"键，逐一查看测试数据，按"STEP"键从下往上查看，按"ENTER/Y"从上往下查看，全部查看完后，按"CLEAR/N"键返回。

3. 数据传送

（1）安装软件。数据传送软件保存在光盘中，文件名为CNCRXD. EXE和CNCRXD2. BAT，分别对应串口1和串口2。安装时，只要在电脑硬盘上建一子目录，把两个文件全部复制到该子目录下即可。

（2）连接计算机。在关机状态下，用随仪器配备的传输电缆将仪器与计算机连接，将25芯插头插入计算机的串行口，将4芯圆形插头插入到仪器表头的4芯多功能插座上。

（3）运行软件。开机进入电脑系统，在桌面上建立两个快捷图标，分别对应CNCRXD. EXE和CNCRXD2. BAT。需要传输数据时，只要点击相应快捷图标即可进入数据传输操作窗口。

五、注意事项

1. 仪器运输和使用过程中，注意不要有强烈震动（如车辆在运输仪器过程中行驶在不平的道路上引起的强烈颠簸震动，应尽量采取一些措施减缓这种震动），以免损坏仪器，特别是探头。

2. 测量过程中，电缆的下放和上提要尽量缓慢，否则容易造成深度计数定位不准或损坏深度计数器；电缆下放时，左手扳住电缆夹卡，右手握住电缆通道上部50 cm左右处，垂直匀速下放，不要只是拉住很短一截电缆，因为斜拉下放容易引起滑动，产生较大的深度计数误差，硬扯则会引起深度计数器损坏。

电缆上拉时速度过快容易引起探头晃动碰上测管管壁，从而损坏探头。特别是当中子仪测管外径与插口不配时,很容易重重地碰上仪器底部或测管转换接头上。多次反复的碰撞,易引起探头内探测器震动损坏,高压铁氧体变压器破裂损坏,固定螺丝松开,导致探头损坏。探头是水分仪成本最高的部件,维修更换费用高。

3. 仪器使用中不能淋雨,探头下放到测管前,应检查测管内是否存水,以免水浸探头造成损坏。

4. 严禁取出(除更换电缆时短时间除外)和打开探头。探头出现故障需要维修时,要将仪器整体打包一并送去维修。

5. 仪器不得随意放置,要有专人保管,存放的房间要防潮、防盗,防止仪器丢失。

6. 如出现深度计数器损坏不进位,则采取从深度计数装置电缆通道开始往后量 30 cm 为第一个测点(如果测管露出地面 20 cm,则第一个测点是 10 cm),并做记号,往后每 10 cm 一个测点做记号,以此类推全部标记,即可不用深度计数器计数,照样可以测量完数据。

六、思考题

1. NP 土壤水分仪测量田间水分的工作原理及应注意的重点事项有哪些?
2. 如何确定标定计数值(STD 值)是在合理的范围内?

七、参考文献

本方法仪器操作使用部分参考北京核子仪器有限公司提供的《CNC 系列 NP 土壤水分测量仪使用操作手册》.

第四节　耕层土壤水分空间分布的测定
——土壤水分空间分布测试仪

土壤水分直接影响作物的生长和发育,了解土壤水分的空间分布可以确保作物获得均匀的水分供应,从而提高作物的产量和质量。同时,土壤水分影响养分的移动和吸收,了解水分分布情况,有助于制定科学的施肥方案,提高养分利用率。

一、实验目的

掌握土壤水分空间分布测试仪的使用方法,可以及时有效监测和管理土壤水分分布,为农业生产提供技术支持。

二、实验原理

土壤水分测试仪通过监测土壤对电流的阻抗变化来间接评估土壤中的水分含量。在测试过程中，当电流流经土壤样品中的电极时，土壤的水分含量会直接影响电流的流动。具体来说，由于水是一种易导电介质，因此土壤中的水分含量越高，其导电性能就越好，电流在土壤中遇到的阻抗也就越小。相反，如果土壤干燥，水分含量低，那么电流在土壤中遇到的阻抗就会相对较大。因此，土壤水分测试仪通过测量和分析电流在土壤中的阻抗变化能够准确地估算出土壤中的水分含量。

三、实验仪器

本方法所采用的仪器为北京龙泰慧波 TSC - 4 型土壤水分空间分布测试仪（图 2 - 6）。

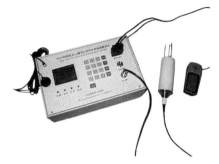

仪器集成 GPS 接收机，能够实时捕获并记录被测点的经纬度坐标以及 UTC 时间，可以提供精确的地理位置信息；内置大容量存储器，可以保存大量的土壤水分测量数据；支持 GSM/

图 2 - 6　TSC - 4 无线发送型智能化土壤水分空间分布快速测试仪

GPRS 通信技术，能够实现数据的远距离无线发送。具备 GSM 无线通信功能，可确保数据在更广泛的网络覆盖范围内实现稳定、可靠的传输。

四、操作步骤

1. 选择并准备工作区域

首先，选择一个平坦、干燥且安全的工作区域，以确保测量的准确性和操作的安全性。同时，检查土壤水分测试仪的电量是否充足，确认仪器处于正常工作状态。

2. 测量前仪器准备

测量前，查看存储空间是否足够（<512 K），并确定所处位置的准确经纬度，可手动进行校准，以保证 GPS 接收机的正常工作（误差小于 10 m）。测量时，根据实验所需对照土钻刻度及入土深度（以 cm 为单元进行测量深度的核对），确保测量深度的准确性和一致性。本仪器分辨范围为 0～100%，分辨率为 0.1%，可根据实验要求自行取舍。根据以上步骤，可确保测量结果的准确性和可靠性。

3. 连接传感器并采集土壤样品

将对应的传感器插入到测试仪的传感器接口中，确保连接稳固。采集适量具有代表性且没有被污染或损坏的土壤样品，将测试仪的电极小心插入土壤样品中的合适位置，以进行土壤水分的测量。

五、注意事项

1. 测点选择与布置

在进行土壤水分测量时，应在观测场地均匀地划分区域，并选择适当的测点。避免测点过于集中，以确保所取点位的代表性，从而得到更准确、全面的土壤水分空间分布数据。

2. 传感器拔出方法

在测量完毕后取出传感器时，请务必用手抓紧传感器的塑料部分拔出，切勿通过拉扯传感器的导线来拔出传感器，从而避免对传感器造成损坏或影响其后续使用。

六、思考题

1. 农田土壤水分空间分布测量有何意义？

2. 如果加入其他传感器（如温度传感器），该仪器的应用效果会有怎样的提升？

七、参考文献

本文参考北京龙泰慧波科技发展有限公司提供的 TSC - 4 无线发送型智能化土壤水分空间分布快速测试仪随机说明和使用手册.

第五节　作物组织水势的测定

——露点水势仪

土壤-植物-大气是一个连续系统，植物生长和繁殖需要的水分通过植物根系从土壤移动到大气，水分在此系统中的流动运输，取决于本身的自由能。通常用水势（Water potential）来衡量单位体积水的自由能（$J \cdot m^{-3}$），Pa 是水势常用的计量单位。水势控制着水分的跨膜运输，水分可以顺着水势梯度进入细胞，也可以顺着水势梯度流出细胞。若植物组织的水势与溶液的渗透势相等，则二者水分保持动态平衡。水势及其组成部分随着生长环境和植物体的不同位置而发生改变，植物的水势也因物种、组织和器官的不同而不同。水势是用来衡量植物体内水分供应状况的重要指标。

测定植物水势常用的仪器有压力室和露点仪。本方法主要介绍露点仪（型号为 PSYPRO）测定水势的步骤和要点。

一、实验目的

掌握露点仪测定植物组织水势的方法，为作物水分生理研究提供有效依据。

二、实验原理

露点水势仪内含电子系统，通过热电偶传感器测量水势。当植物组织与周围大气环境温度和水势平衡时，环境中气体的水势（以蒸气压表示）与植物组织水势相等。由于空气的蒸气压与其露点温度具有明确的定量关系，因此，通过露点传感器测定大气的露点温度即可推算大气蒸气压 P。测量时，首先给热电偶施加反向电流，样品室内的热电偶结点降温，当结点温度降至露点温度以下时，会有少量液态水凝结在结点表面，此时切断电流，并根据热电偶输出电位记录结点温度变化：最初，结点温度因热交换平衡而快速上升；随后，则因表面水分蒸发而使温度保持在露点温度，呈现短时间的稳定状态；当结点表面水分完全蒸发后，温度再次上升，直至达到最初的温度平衡状态。通过稳定状态的温度即可推算样品的水势。

三、实验用品

（1）待测样品。新鲜植物叶片。

（2）实验仪器。美国 Wescor 公司生产的 Psypro 露点水势测量系统（图 2-7），能同时连接 8 个样品室，输出数据是通用的 MPa 单位，测量精度高达±0.03 MPa。仪器配套 C-52 通用样品水势探头（图 2-8），配备三种样

图 2-7　Psypro 露点水势　　　　图 2-8　C-52 通用样品水势探头
　　　　　测量系统

品托盘，分别为直径 9.5 mm×深 4.5 mm（适用于土壤和其他较大样品）、直径 7 mm×深 2.5 mm（适用于叶片）和直径 9.5 mm×深 1.25 mm（适用于标准滤纸片）。

四、操作步骤

（一）样品采集、平衡

首先逆时针方向旋转样品室顶部旋钮，拉出样品室手柄。用打孔器取待测植株直径为 0.6 cm 的叶圆片（不同处理要在同一部位取样），正面朝上快速放入样品室小槽中，样品高度切勿超出样品室小槽。推入样品室手柄，顺时针方向旋紧样品室顶部旋钮，给其足够的平衡时间。

（二）仪器操作

PSYPRO 可以通过电脑软件或主机键盘分别进行测试操作。

1. 软件操作

使用标准电缆将 PSYPRO 与电脑连接，分别连接 PSYPRO 面板上方的 COM 口和电脑端的 COM 1（9 针），连接后安装软件。

（1）连接传感器到 PSYPRO。PSYPRO 最多可同时连接 8 个传感器，在 PSYPRO 的面板上有 8 个传感器连接口，分别标号为 1~8，连接传感器时要按标号从小到大的顺序连接，不可跳过中间的接口。

（2）启动 PSYPRO。在 PSYPRO 的面板上有一个开关杆，将其拨到 ON 的位置时，电源开始供电，屏幕上显示 SCREEN # 1，如图 2-9。

```
1   LCD contrast = 10
year jda hr min batV
    3 233 14:25  12.8
Wescor PSYPRO x.xx
```

图 2-9　仪器启动屏幕显示图

（3）连接 PSYPRO 到计算机。为确保 PSYPRO 与计算机连接成功，在测量水势的软件系统主菜单中依次点击 Tools→contact PSYPRO→Connect，如果已成功连接，屏幕则回到主菜单；如果连接不成功，则需要检查电缆连接、电源开关以及与电脑的 COM 口连接，在主菜单点击 FILE→PC settings，设定 COM 口和传输的波特率。

（4）设置时间和日期。仪器自动存储上次使用的时间和日期，因此，需要精准记录测量日期时，每次开机时需调整 PRYPRO 的日期。在系统软件主菜单中依次点击 Tools→Set Logger time，在弹出的连接窗口上点击 Contact 按钮，弹出时间与日期设置对话框，选择完成后点击 OK 按钮。

（5）设置 PSYPRO 参数。设置的参数会保存在仪器中，需要查看选择已有参数时，在打开的软件系统主菜单中依次点击 FILEs→Open logger setting，在弹出的对话框中选择 From logger，并点击 OK 按钮。主窗口中的参数可以根据需要修改。

需要保存参数时，在打开的软件系统主菜单中点击 FILEs，选择 Save PSYPRO setting，在弹出的对话框中选择 To file 并点击 OK 按钮，按弹出的存储对话框进行保存即可。在选择 To file 的同时选择 To logger，参数被输入到仪器中，仪器将以新的参数运行试验。

（6）开始测量。整个测量流程如图 2-10 所示。

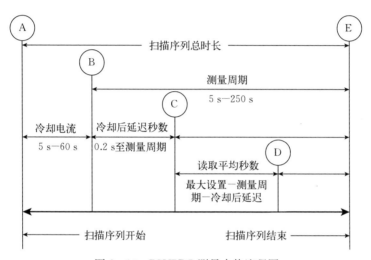

图 2-10 PSYPRO 测量水势流程图

A↔E 为仪器内部整个测量工作过程；

A↔B 为冷却时间（5 s～60 s），仪器在 A 时刻对热电偶加冷却电流，在 B 时刻停止。实际测量时，要根据待测样品的不同更改这个时段的参数，以确保热电偶上有水珠形成；

B↔E 为测量时间，一般为 10 s 内，在这个过程中，将固定读取 50 个数据，数据间隔等于（B-E 时长）/50，如果将这 50 个数据依时间序列绘制成图表，可以得到干湿球湿度计法测量水势的曲线；

B↔C 为设定的冷却后的延迟时间（一般 5 s 内，看 50 个点的数值从哪个位置开始均匀稳步下降），设置依据是保证热电偶上的水珠有充分的时间蒸发进入蒸发平台；

C↔D 为读数平均时间，最终测量结果为这段时间采集到的几个数据的平均值，所采集数据的数与测量周期的设定时间相关，进行平均的数据个数等于 C-D 段的周期时长/每个数据之间的时间间隔，即 C-D 段的周期时长/B-E

段测量周期的间隔×50；

　　D↔E 为剩余时长，在记录测量波形时能够被采集到。

2. 键盘操作

　　仪器未连接电脑时，相关操作需要通过 Mode 键（上下选择）和 Value 键（改变数值）完成。

　　（1）设置参数并测量。开机后，按 Mode 键至第六个界面，分别设定 Cool（冷却时间）；Plat（延迟时间）；Av（读平均值时间）；Scan（测量周期）；P#（通道设定，根据探头数设定）；Correction（校准因子设定）。

　　选择页面七，设定测量间隔至少 5 min；

　　选择页面八，将样品放入样品室，10 min 后设定 Logging 为 ON，开始测量。

　　（2）数据传输。测量结束后，需要将 PSYPRO 所收集的数据传输到电脑，在主菜单点击 Tools→Save PSYPRO data→Connect→Acquire all PSYPRO data→OK，等待数据完全传输至电脑，则可以用 Excel 打开相应文件。

五、注意事项

　　1. 放置样品时，样品不得高于样品室小凹槽。

　　2. 样品放进样品室后，需要一段时间与样品室环境进行温度平衡，平衡时间依据样品的不同而不同，通常水势越低，所需平衡时间越长。

　　3. B-E 曲线下降快时可以将 B-E 时间减短，反之加长。

　　4. 50 点图典型曲线显示为高电平持续期、下降区和低电平持续期三个阶段。水势越大，起始电平越高，高电平持续时间越短；水势越小时，此曲线的三个阶段就越不明显。如果热电偶被污染，高电平区域陡度变大，需要联系厂家清洗热电偶。

　　5. 测量结束后，要保证将样品室旋钮旋至足够高度后再拉出样品室拉杆，以免损伤热电偶。

六、思考题

　　1. 哪些因素会影响组织水势？

　　2. 测定作物组织水势对指导生产实际的意义有哪些？

　　3. 使用露点法测定作物水势时，为什么叶片水势越低，所需的平衡时间越长？

七、参考文献

蒋高明. 2004. 植物生理生态学［M］. 北京：高等教育出版社.

路文静，李奕松．2012．植物生理学实验教程［M］．北京：中国林业出版社．
本方法仪器操作使用部分参考北京渠道科学器材有限公司提供的《PSYPRO
露点水势仪使用说明》．

第六节　作物组织渗透势的测定
——渗透压计

植物细胞膜是选择性透过膜，水分跨过选择性透过膜的净移动称为渗透作用，受溶液浓度梯度和压力梯度的驱动。渗透势可以直接反映溶液中的溶质对水势的影响，同时也降低了水的自由能。渗透势通过影响水势梯度，进而影响到水分进出细胞。

测定植物渗透压常用的仪器有冰点渗透压仪和露点渗透压仪。本方法主要介绍露点渗透仪（型号为 VAPRO 5600）测定渗透压的步骤和要点。

一、实验目的

掌握露点渗透压仪测定植物组织渗透压并计算渗透势的方法。

二、实验原理

露点渗透压仪依据拉乌尔冰点理论，以溶液露点下降值与溶液的摩尔浓度成比例关系为基础，核心部件是热电偶及热电偶丝。放入样品后，温度和蒸汽压在密闭的汽化室内达到自然平衡，热电偶感知样品上方蒸气的精确温度，通过热电制冷片使温度冷却到露点以下，水滴开始凝结在热电偶表面。该过程释放出的热量使热电偶的温度上升，水滴凝结停止时的温度即为露点温度。通过渗透压仪读数可计算渗透势。

三、仪器与试剂

采用美国 Wescor 公司生产的露点渗透压分析仪（VAPRO 5600）（图 2-11）。

针剂瓶装的 Optimol 渗透压标准溶液分别为 1 000 mmol·kg^{-1}（OA-100）、100 mmol·kg^{-1}（OA-010）、290 mmol·kg^{-1}（OA-029）、SS-033 型滤纸片（美国 ELITechGroup 公司）。

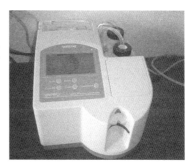

图 2-11　VAPRO 5600 露点
渗透压分析仪

四、实验步骤

(一) 开机预热

打开电源开关，等待仪器稳定，当温度漂移刻度显示在屏幕中间时，表明仪器温度稳定。

(二) 仪器校正

分别取 $10\,\mu L$ 浓度为 $100\,mmol\cdot kg^{-1}$、$290\,mmol\cdot kg^{-1}$ 和 $1\,000\,mmol\cdot kg^{-1}$ 标准溶液对仪器进行校正，当标准溶液读数误差为 $100\,mmol\cdot kg^{-1}\pm 2\,mmol\cdot kg^{-1}$，$290\,mmol\cdot kg^{-1}\pm 3\,mmol\cdot kg^{-1}$，$1\,000\,mmol\cdot kg^{-1}\pm 5\,mmol\cdot kg^{-1}$ 时，仪器可以正常使用。

1. 日常校准

(1) 先用 $290\,mmol\cdot kg^{-1}$ 的标准液测试，如果读数偏差在允许范围内，则接着用 $1\,000\,mmol\cdot kg^{-1}$ 和 $100\,mmol\cdot kg^{-1}$ 标准液测试，如果读数偏差超过校准范围，则接着用下面 2 (2) (3) 步校准。

(2) 保持样品腔关闭，按 SELECT 键显示功能菜单，选择校准功能 (CALIBRATE)，按 ENTER 键开始校准，直至读数偏差在校准范围内。

2. 最大精确度校准

当需要更精准的测定结果时，可以选择平均值模式。

(1) 选择平均值模式 (AVERAGE)，用 $290\,mmol\cdot kg^{-1}$ 的标准液连续测量三次。

(2) 选择校准功能 (CALIBRATE)，按 ENTER 键开始校准。

(3) 用 $1\,000\,mmol\cdot kg^{-1}$ 和 $100\,mmol\cdot kg^{-1}$ 的标准液校准，方法同上。

(三) 仪器清洁测试

校正后、使用前运行清洁测试，有助于监控热电偶传感器的性能和样品室的污染度。用两个 $100\,mmol\cdot kg^{-1}$ 的标准液样品连续测量。

(1) 测试步骤。关闭样品室，按 SELECT 键显示功能菜单，上下移动光标来选择清洁测试功能 (CLEAN TEST)，按 ENTER 键确认。仪器开始对样品进行两次测量，需要 $2\,min\sim 3\,min$，通过两次测量结果的差值来估测样品室的污染程度 (图 2-12)。

如果两次测量出现明显差异 ($\geqslant 10\,mmol\cdot kg^{-1}$)，即说明热电偶污染，需要清洗热电偶。

(2) 拆卸热电偶头并清洗。用棉签擦掉热电偶周围的污渍 (切勿触碰到热电偶)，清洁后滴加清洁剂，让热电偶头完全浸在清洁剂中，静置 $1\,min$。快速翻转热电偶头，让清洁剂直接滴下，并用电阻系数 $\geqslant 1\,Meg\cdot cm^{-3}$ 的纯净水漂

图 2 - 12 清洁测试操作按键及界面显示图

清。稀释 Wescor 清洁剂，反复清洗至少 10 次。

（3）如果清洗后，清洁测试还显示有污染，这表明热电偶被严重污染。需要重复上述清洗步骤，通常用生理盐水浸泡 30 min~60 min 就可以去除污染。

（4）重新安装热电偶头并让仪器重新能量平衡，先后用 290 mmol · kg^{-1}、1 000 mmol · kg^{-1} 和 100 mmol · kg^{-1} 的标准液校准仪器，校准后用 100 mmol · kg^{-1} 的标准液进行清洁测试，直至读数在允许范围内。

（四）样品溶液测定

1. 提取样品

取叶片 0.5 g 装入 0.5 mL 离心管中，液氮冷冻 30 min 以上，测试前室温解冻，将离心管底部扎眼，放入 1.5 mL 离心管中，4 ℃、4 000 r · min^{-1} 离心 5 min，收集上清液。

2. 上机测试

（1）向上旋转样品室旋杆，打开样品室，拉出滑杆。

（2）用镊子夹一片滤纸片放到样品池的样品盘中。

（3）将微型移液器装上一个清洁的 10 μL 的吸头，按住按钮慢慢释放来取样。

（4）把移液器架在导槽上，离滤纸片大约 5 mm，平稳地滴加样品，若样品液连在滤纸片上或粘着吸头，按住移液器不放，吸头轻轻地触一下滤纸片；铺平滤纸片，并应完全浸透，表面形成膜状。

（5）轻轻地把滑杆推进仪器中，平稳地关闭样品室，仪器即开始测试循环。此时屏幕显示 "In process"，倒计时开始。当测量完后发出铃声，屏幕显示渗透压数据。

3. 测量后处理

测试完成应立即取出样品，如果样品留在室内超过 4 min，则会报警。

（五）结果计算

渗透势计算公式为：

$$\Phi = icRT/10^6 \tag{2-6}$$

式中：Φ 为渗透势（MPa）；R 为气体常数 $[R=8.314\,J\cdot(mol\cdot K)^{-1}]$；$T$ 为绝对温度 [开尔文或 K 表示，$T=273+$室温（℃）]；ic 为渗透压仪读数（$mmol\cdot kg^{-1}$）。

五、注意事项

1. 使用 VAPRO 系统前，要先用微型移液器和 290 $mmol\cdot kg^{-1}$ 的标准液练习装样步骤，直至操作熟练，且连续测量偏差结果不超过 6 $mmol\cdot kg^{-1}$ 时，开始校准仪器，并进行清洁测试。

2. 适宜样品容量是 10 μL，此时样品溶液可以完全浸透 SS-033 滤纸片，偏差±10%（9 μL～11 μL）。样品量超过 11 μL 就会污染热电偶。

3. 当仪器在平均值模式下校准时，会以测量样品的平均值来校准，因此还需要将操作模式设定到正常模式下来重新校准。因此，建议在平均值模式下用每个标准液的 3 个～4 个样品来校准。

六、思考题

1. 测定作物组织渗透势在水分生理研究上有何意义？
2. 影响仪器校准精确度的三个因素是什么？

七、参考文献

傅骏青，吴鸿敏，提靖靓，等.2020.特殊仪器渗透压及常用渗透压仪的比较 [J].仪器安全质量检测学报，11（22）：8508-8515.

刘婷婷，陈道钳，王仕稳，等.2018.不同品种高粱幼苗在干旱复水过程中的生理生态响应 [J].草业学报，27（6）：100-110.

杨祖伟，黄玲，彭辉，等.2022.露点渗透压分析仪测定等渗能量胶渗透压的影响因素考查 [J].农产品加工（6）：79-81，87.

本方法仪器操作使用部分参考美国 WESCOR，INC. 公司提供的《VAPRO 露点渗透压仪 5600 使用手册》。

第三章　作物田间温室气体测定技术

温室气体（Greenhouse gas，GHG）是指大气中能吸收地面反射的太阳辐射，并重新发射辐射的一些气体。它们能使地球表面变得更暖，就像温室截留太阳辐射，并加热温室内空气一样。这种使地球变得更温暖的温室气体影响称为"温室效应"。科学界普遍认为，造成全球气候变暖的原因 90％以上来自人类活动导致的温室气体排放。

温室气体有很多种，不同温室气体对地球温室效应增强的贡献度不同。从全球升温的贡献百分比来说，二氧化碳（CO_2）由于含量较多，所占的比例也最大，约为 55％。为了统一度量整体的温室效应增强程度，采用了人类活动最常产生的温室气体 CO_2 的当量（CO_2e）作为度量温室效应增强程度的基本单位，"温室气体排放"因此也常常称为"碳排放"。目前，国际上不同协议和标准对需要受控的温室气体种类的规定略有不同，但主要都是指二氧化碳（CO_2）、甲烷（CH_4）、氨气（NH_4）及氧化亚氮（N_2O）等。

在第七十五届联合国大会上，国家主席习近平郑重宣告：中国将提高国家自主贡献力度，采取更加有力的政策和措施，二氧化碳排放力争 2030 年前达到峰值，努力争取 2060 年前实现碳中和。"碳中和"和"碳达峰"是当前社会发展的重大任务指标。因此，农业温室气体减排对于中国实现双碳目标意义重大。

人类活动过程中直接或间接向大气中排放过量的 CH_4、CO_2、N_2O 和 NH_4 等温室气体是造成全球气候变暖的主要原因。而农业作为全球第二大温室气体排放源，经农业生产活动排放出的 CH_4 和 N_2O 分别占全球温室气体排放总量的 60％和 40％，其中农业排放 CO_2 占农业温室气体排放总量 20％～35％。中国作为世界农业大国，同时作为发展中国家，对农业生产高度依赖，中国农业碳排放占碳排放总量的 17％。因此，发展低碳农业已成为中国迈向农业现代化进程的重要阶段。

当前农业碳排放的碳排放源主要包括农业生产过程中农资投入所带来的碳排放、水稻生长过程的 CH_4 等温室气体排放、土壤表层破坏导致的 N_2O 排放、秸秆焚烧产生的 CO_2 排放、畜禽粪便产生的碳排放以及从事农业生产活动作业工具产生的碳排放。由农田生产间接排放、田间焚烧和动物粪便造成的碳排放占整个农业碳排放的 60％～80％；其中，50％～70％的 CH_4 排放是由牲畜肠道发酵、水稻种植和动物粪便造成的；1％的 CO_2 排放是由农业机械生产和使用造成。

为了增加农作物产量，人们在田间施入大量氮肥，但是能被作物利用的不到一半，其中氨挥发是农田氮素损失的主要途径之一，也是氮肥利用率低下的主要原因。NH_3 挥发损失的多少，受农艺措施、土壤条件及气候条件的影响。有研究认为，全球通过 NH_3 挥发途径导致的氮肥损失占全年施氮量的 14%，挥发到大气中的 NH_3 对大气和生态系统均有一定的影响。准确测定农田氨挥发的量可以用来确定区域氨挥发损失的特征以及评价不同氮素损失量。

当前由温室气体导致的温室效应，正逐渐使全球的气温和降水发生变化，也正在影响和改变气候生产潜力。这种气候变化可能影响到农业的种植决策、农业布局和品种改良、土地利用、农业投入和技术改进等一系列问题。同时，对确定今后农业发展方向，以及有关部门制定相应农业政策、农产品进出口计划、预测未来农业发展趋势等具有重要意义。

本章主要介绍两种测定田间 CO_2、CH_4、N_2O 和 NH_3 的测试技术，即采用多种气体分析仪实时分析法和静态箱/气相色谱法，为农田生态系统温室气体排放研究提供有效的技术手段。

第一节　田间 CO_2、CH_4 和 N_2O 的实时测定

——N_2O 分析仪和 CO_2 - CH_4 分析仪

一、实验目的

学习利用温室气体分析仪在田间连续测定 CH_4、N_2O、CO_2 的测定原理，掌握利用 N_2O 分析仪和 CO_2 - CH_4 分析仪进行温室气体的测试技术。

二、主要仪器

以 PICARRO 公司生产的 N_2O 分析仪（G2301 型）和 CO_2 - CH_4 分析仪（G5105 型）为例。

（一）仪器构成

1. 仪器主机

N_2O 分析仪和 CO_2 - CH_4 分析仪均基于波长扫描光腔衰荡光谱技术（WS-CRDS），测量 N_2O 的浓度灵敏度达 ppt 级，CO_2 和 CH_4 精度均达到 ppb 级。N_2O 分析仪主要采用中红外激光，通过高精确度传感器进行特定的识别，基于单一的时间变量进行浓度分析，其测量的有效路径可达 8 km。CO_2 - CH_4 分

析仪应用三面高放射率的镜面对红外激光进行连续反射，有效路径可达20 km，通过测量有目标气体的衰荡时间与无目标气体时的空腔衰荡时间，并计算衰荡时间差就可以检测出痕量气体。

2. 主控制箱

为 16 路复路系统，是整个系统的中心处理装置，可以通过特定的程序设定，对土壤、植物或者微生物呼吸产生的温室气体变化情况实现多个通道自动控制和实时监测，并对多点呼吸进行测量。

3. 换向阀控制箱

与主控制箱连接，通过主控箱的程序控制，在各通道间转换供气方式，控制不同叶室自动开闭。

4. 风扇电源箱

与主控箱连接，为静态箱中的风扇供电，通过主控箱控制静态箱中风扇的开关。

5. 外置泵

为各通道提供稳定的气源，以控制叶室的自动开合。

6. 静态箱

根据待测定的农田生态系统定制，由主控制箱控制自动开启和关闭，用于对小环境的温室气体变化的测试，见图 3-1。

图 3-1　能自动开启和关闭的静态箱

（二）仪器检测范围

（1）N_2O 的测量范围：0.3 ppmv～2 ppmv。

（2）CO_2 的测量范围：0～1 000 ppmv。

（3）CH_4 的测量范围：0～20 ppmv。

三、实验操作步骤

1. 静态箱的安放

进行定点温室气体的测定时，在田间选择不同处理的有代表性的区域放置静态箱，将箱底部用土埋实，直至不漏气，保证外界环境不影响静态箱内部气体的变化。

2. 系统的连接

（1）首先连接主控制箱与换向阀控制箱的连接线，见图 3-2。

（2）连接主控箱与仪器主机的通讯数据线。

（3）连接电源。

（4）连接各个气路管路及气泵。

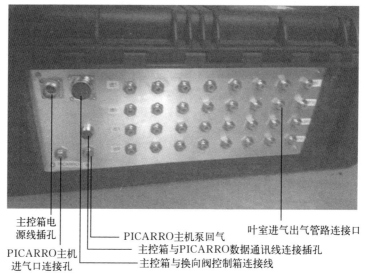

主控箱电
源线插孔

PICARRO主机泵回气

主控箱与PICARRO数据通讯线连接插孔

PICARRO主机
进气口连接孔

主控箱与换向阀控制箱连接线

叶室进气出气管路连接口

图 3-2　主控制箱接线面板

3. 开机

打开换向阀控制箱、风扇电源箱的开关，打开主机外置泵，最后打开分析仪背面开关。主机预热等待 1 h～2 h。分析仪预热时，显示屏的系统警报灯会亮起，预热完成后，自动解除警报。预热时显示屏默认显示腔室的压力、腔室温度和 DAS 温度。

4. 主控箱操作

（1）打开主控箱的电源开关，在面板上插好 U 盘，然后旋转钥匙，仪器则开始工作，在出现的弹窗中选择"否"，进入到仪器控制操作界面。

（2）仪器进入到操作界面后，在显示屏的左侧有多个叶室的示例图片，在右上部会看到"手动"及"自动"字样的操作指示箭头，当选择手动状态的时候，可以手动选取特定叶室示例图片来关闭和打开叶室；当选择自动状态时，则仪器按设置的顺序对各个叶室进行测试；也可以选择打开全部叶室或者关闭全部叶室来测试功能。

（3）设置参数，在显示屏的右下方设置循环轮数（代表系统一共循环测量的次数）、当前叶室（即当前在闭合进行测量的叶室）、准备时长（即在下一个叶室测量前的准备时间，通常可以设置为零）、测试时长（即叶室闭合进行测量的时间，可以根据实验需要来进行设置）、运行时间（即从系统开机开始仪器运行的所有时间），见图 3-3。

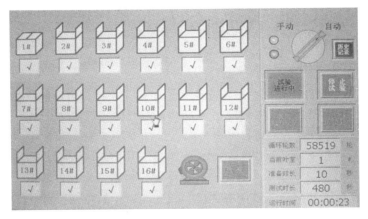

图 3-3 主控制箱操作界面

(4) 当以上所有参数设置完毕后,可以点击各个叶室示例图设置测量顺序,当各个叶室示例图下面显示对号即设置成功,然后将模式转换成自动,点击开始测量,系统就会按照设置的参数进行自动测量。

5. 数据的存储及读取

系统在运行过程中,仪器主机显示屏实时显示当前测定的数值及波动曲线,见图 3-4、图 3-5。

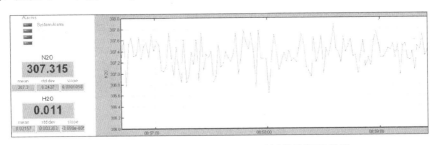

图 3-4 N_2O 分析仪器实时显示测得的数据及曲线

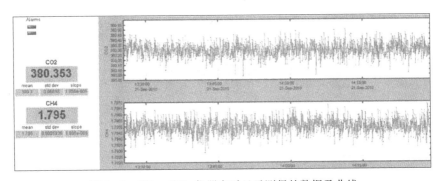

图 3-5 CO_2-CH_4 仪器实时显示测得的数据及曲线

主控箱面板上的 U 盘仅能存贮 3 d 的数据，每 3 d 将 U 盘数据拷走后再插上即可，否则新测得的数据将会覆盖之前的数据。

四、关机步骤

1. 在仪器关闭之前，必须持续往系统中输入干燥、洁净的气体，气体中的水分含量可以通过选择下拉菜单中的"$H_2O\_CONC\_（\%v）$"中读取，几分钟后方可关闭仪器。主要是因为仪器在关闭后，腔室内的温度下降，空气过高的湿度会在腔室的镜子上形成冷凝液滴，从而影响到仪器的精度。如果仪器将在低温环境下保存，输入的气体须充分干燥；如果仪器在室温环境下保存，那么通入的气体不必十分干燥，用室内空气对仪器输气几分钟后即可关闭仪器。

2. 系统可以采取两种断电方式。当仪器临时几小时或者几天不用，我们可以采取快速关机（Shutdown in current state）；如果实验做完需要长时间断电或者运输，则采用关机方式（Prepare for shipment）。这两种关机方式的区别在于第一种方式是分析腔室内负压状态，第二种方式是腔室内预先充满干净干燥的空气。

3. 按下 Shutdown 按钮，选择"Prepare for shipment"或者"Shutdown in current state"，如果选择"Prepare for shipment"，腔室内会达到或者接近大气压，并且自动关闭进气阀门和软件，状态栏会显示进程，主机关机。

五、注意事项

1. 在连接电源前，一定确保电源插座无电，连接并确认好后再通电。
2. 关机操作注意，当环境温度很低并且湿度很大时，仪器关闭之前一定要通入几分钟的干燥气体，这样可以避免由于关机后温度降低而导致的冷凝。一般如果水汽浓度＞3％时，需要通干燥气体以保护腔室，通入 1 min～2 min 的干燥气体即可。

六、思考题

1. 静态箱安放在田间应注意什么？
2. 仪器关闭之前，为什么必须往系统中输入干燥、洁净的气体？

七、参考文献

蔡祖聪 . 2003. 尿素和 KNO_3 对土壤水稻无机氮转化过程和产物的影响 [J]. 土壤学报，40（3）：414-419.
夏晖晖，阚瑞峰 . 2022. 温室气体监测技术现状和发展趋势 [J]. 中国环保产业（9）：56-61.

　　赵建波.2008. 保护性耕作对农田土壤生态因子及温室气体排放的影响[D]. 泰安：山东农业大学.

　　IC Anderson，JS Levine. 1986. Relative rates of nitrous oxide production by nitrifiers，denitrifiers，and nitrate respirers [J]. Applied and Environmental Microbiology，51（5）：938-945.

　　Ni JQ，Heber AJ，Lim TT，et al. 2000. Ammonia emission from a large mechanically-ventilated swine building during warm weather [J]. Journal of Environment Quality，29（3）：751-758.

　　Papen H. 1989. Heterotrophic nitrification by Alcaligenes faecalis：NO^{2-}，NO^{3-}，$N_2O^-_2$ and NO production in esponentially growing cultures [J]. 1989. Applied and Environmental Microbiology，55：2068-2072.

　　Seinfeld JH，Pankis SN，Noone K. 2006. Atmospheric chemistry and physics：From air pollution to climate change [M]. 2nd. Hoboken，New Jersey，United States：John Wiley & Sons，Inc.

第二节　田间 CO_2、CH_4 和 N_2O 的采集与测定
——气相色谱仪

一、实验目的

　　气相色谱仪是分析化学中非常重要的仪器。学习气相色谱仪的使用操作技术，可以全面检测混合物中物质种类、物质含量的变化，提高分析效率和分离效果，保证实验分析结果的可靠性和准确性。

二、实验原理

　　气相色谱法是一种物理分离方法，是以惰性气体为流动相，利用试样中各组分在色谱柱中的气相和固定相间的分配系数不同而进行的分离方法。待分析样品在汽化室汽化后被载气带入色谱柱中运行时，由于样品中各组分的沸点、极性或吸附性能不同，每种组分就在其中的两相间进行反复多次的分配（吸附—脱附—放出）。由于固定相对各种组分的吸附能力不同（即保存作用不同），因此，各组分在色谱柱中的运行速度就不同。在载气中浓度大的组分先流出色谱柱，而在固定相中分配浓度大的组分后流出。经过一定的柱长后，试样中各组分便彼此分离，按先后顺序离开色谱柱进入检测器。检测器将流动相各组分

浓度变化转变为相应的电信号，并将产生的离子流信号放大，在记录器上描绘出各组分的色谱峰。

根据色谱流出曲线上得到的每个峰的保留时间，可以进行定性分析，根据峰面积或峰高的大小，可以进行定量分析。

三、仪器及测试步骤

以实验室常用的岛津 GC - 2010 Pro 气相色谱仪为例。

(一) 仪器构成

气相色谱系统主要包括进样系统、气路系统、控温系统、分离系统，以及检测和记录 5 大系统。其中检测系统和分离系统为气相色谱系统的关键和核心。该仪器构成如图 3 - 6。

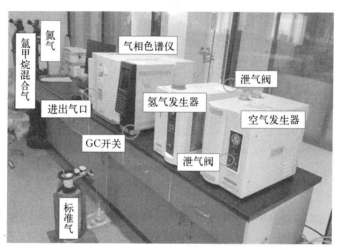

图 3 - 6　岛津 GC - 2010 Pro 气相色谱仪

(二) 仪器及操作步骤

气相色谱 (GC) 主要是利用物质的沸点、极性及吸附性质的差异来实现混合物的分离，可直接分离可挥发、热稳定性的、沸点一般不超过 500 ℃ 的样品。气相色谱系统流程示意图，如图 3 - 7 所示。

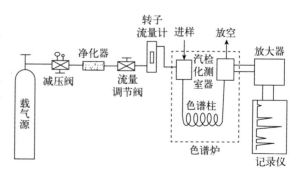

图 3 - 7　气相色谱系统流程示意图

（三）所用试剂及材料

干燥剂、纯水、高纯氮气、氩甲烷气体、空气、氢气，50 mL 进样注射器。

（四）测试步骤

1. 气体样品采集方式

土壤温室气体排放采用密闭静态暗箱法进行采集。采样箱规格为 45 cm（长）×45 cm（宽）×50 cm（高），材质由不锈钢材料制成，箱外贴锡箔反光膜，底座规格与之配套。采样箱内顶部装有空气搅拌小风扇、温度传感器以及用于采气的硅胶导管。在作物播种后，将底座放置在每个小区中央，插入 20 cm 土层深度，底座下部留有密集圆孔，以便底座内外土壤进行水肥自由交换，采样前用蒸馏水注满底座边缘槽，盖箱后以切断箱内外空气的自由交换。在整个作物生长季期间，每周采样一次，播种后和追肥灌水后加密采样，每天采集 1 次，连续采集 7 d。采样时间固定在 9：00～11：00，采样时间持续24 min，采样时用注射器抽取盖箱后 0 min、8 min、16 min 和 24 min 时 50 mL 气体，通过三通阀转入真空气袋，24 h 内用气相色谱仪（岛津 GC - 2010 Pro）测定气体样品 N_2O、CH_4 和 CO_2 的浓度。N_2O 检测器为 ECD，CH_4 和 CO_2 检测器为 FID。

利用式（3 - 1）求得 N_2O、CH_4 和 CO_2 的排放通量，计算公式为：

$$F = \rho \times h \times \Delta C / \Delta t \times 273 / (273 + T) \qquad (3-1)$$

式中，F 为 N_2O 排放通量（$\mu g \cdot m^{-2} \cdot h^{-1}$）、$CH_4$ 排放通量（$mg \cdot m^{-2} \cdot h^{-1}$）或 CO_2 排放量（$mg \cdot m^{-2} \cdot h^{-1}$）；$\rho$ 为标准状态下 N_2O 气体密度（$1.964\ kg \cdot m^{-3}$）、CH_4 气体密度（$0.714\ kg \cdot m^{-3}$）或 CO_2 气体密度（$1.977\ kg \cdot m^{-3}$）；h 为采样箱箱高（m）；$\Delta C / \Delta t$ 为采样箱内温室气体浓度变化率，N_2O 浓度变化率单位为 $\mu g \cdot h^{-1}$，CH_4 浓度变化率单位为 $mg \cdot h^{-1}$；T 为采样箱内的平均温度（℃）；273 为气态方程常数。

利用公式（2）求得温室气体累积排放量，计算公式为：

$$E = \sum \left[(Fn + 1 + Fn)/2 \right] \times (t_{n+1} - t_n) \times 24 \times 10^{-5} \times 10^{-2} \quad (3-2)$$

式中，E 为土壤 N_2O、CH_4 累积排放量（$kg \cdot hm^{-2}$）和 CO_2 累积排放量（$t \cdot hm^{-2}$）；Fn 和 F_{n+1} 分别代表第 n 次和第 $n+1$ 次采样时 N_2O 排放通量（$\mu g \cdot m^{-2} \cdot h^{-1}$）、$CH_4$ 和 CO_2 排放通量（$mg \cdot m^{-2} \cdot h^{-1}$）；$n$ 为采样次数；$t_{n+1} - t_n$ 为采样间隔天数；10^{-5} 用于 N_2O 累积排放量的单位换算；10^{-2} 用于 CH_4 和 CO_2 累积排放量的单位换算。

2. 检查仪器状态

（1）在打开氢气、空气发生器之前，检测干燥管中硅胶蓝色颗粒是否为蓝色（若有 2/3 变为红色或无色，则需将硅胶干燥剂取下放入烘箱 120 ℃，烘干1 h，若颜色变不回蓝色，则需更换新的硅胶颗粒）。

（2）检查氢气、空气发生器中的纯水水位，不足时添加纯水。

（3）分别打开氮气和氩甲烷气罐（氮气气罐旋转增压阀至压力达到 0.6 kPa，氩甲烷增压阀至压力达到 0.5 kPa）。

3. 仪器开机预热和测样

（1）打开气罐和气体发生器向 GC 仪器供气。空气、氢气发生器此时流速在 300 左右，当压力达到 0.4 kPa 时，流速降至个位数，仪器运行过程中流速会增至 50 左右，当大于 100 时则为漏气。

（2）打开 GC 仪器右下角的开关，打开电脑桌面的 Labsolutions 软件。

（3）点击登录，输入账号，直接点击"确认"，进入 Labsolutions 主项目界面。

（4）打开分析程序，点击主页面的"仪器"图标，再点击该界面中的 "Instrument l"，听到"嘀"的一声后出现一个大的分析界面，如图 3-8 所示。

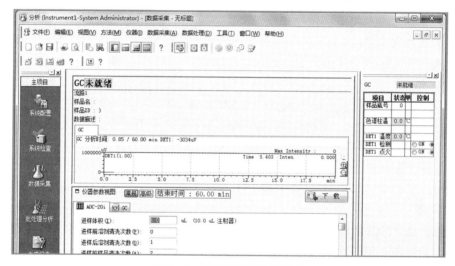

图 3-8　气相色谱仪分析界面

（5）点击图 3-8 左侧"数据采集"图标，点击"文件"按钮，选择"打开文件方法"，弹出文本框后，选择测试方法。打开仪器参数视图中 ECD 一栏，将其中电流参数设为 0 nA，设置完成后点击"下载"，将参数下载到仪器，然后点击"开启 GC"图标，这时听到仪器风扇工作的声音，仪器开始升温。

（6）当仪器升温到设置温度后，仪器开始点火。当仪器状态变为"GC 就绪"时将 ECD 电流由 0 nA 改为 1 nA，点击"下载"。此时仪器可以进行样品检测。

（7）在进行样品测定前，需先用标准样品测定仪器稳定性。将标准气体钢瓶连接到仪器进样口，然后打开"单次分析开始"子窗口。弹出文本框后选择自己创建的数据存储文件夹，并对要测定的标准样品进行命名（图 3 - 9）。然后打开气罐开关，旋转增压旋钮至出样口气流稳定后，进行进样，时长 15 s。然后点击仪器表盘顶部的 START 按钮或点击桌面弹出的"开始"，标准样品开始测定，测定时间为 12.5 min。

图 3 - 9　单次分析开始子窗口数据文件项设置

（8）标准样品单次分析结束后，检查数据是否正确检测到峰。点击助手栏中的"数据处理"图标，会出现一个"再解析"的界面（图 3 - 10）。点击"数据→文件"，找到新建的个人数据文件，打开文件后找到自己的检测样品，检查是否有数据结果，切换 FID 或 ECD 检测器检测三种气体。

（9）若数值正确，可按照步骤（7）中的进样操作步骤进行样品的测定。

（10）关机。将 ECD 电流调为 0 nA，点击"下载→停止 GC"图标，等柱温箱温度降至 100 ℃以下后关闭界面，退出 Labsolutions 程序。然后关闭 GC 仪器右下角的开关，关闭气罐和气体发生器。

四、仪器常见问题及解决方法

1. 当仪器配件长时间使用出现老化等问题，导致仪器无法达到稳定时，可以通过测定标准气后建立新的测定方法，具体操作如下：

（1）先通过仪器测定多个标准气体，保证连续 3 个数值重复性较好。点击助手栏中的"数据处理"图标，会出现一个"再解析"的界面。点击"数据→文件"，找到新测的标气（例如标气 1）。

（2）在"方法视图"点击"编辑"，修改积分、识别、定量处理和化合物

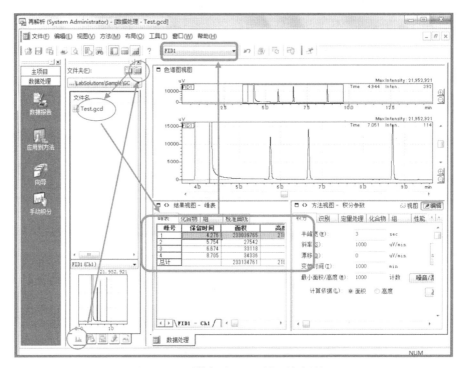

图 3-10 "数据处理"下的再解析界面

前四个指标。如图 3-10 右下部分所示：

"积分"窗口中的参数默认即可，此处不作修改；

"识别"窗口只修改"峰选择"，选为"最接近峰"；

"定量处理"窗口的"最大级别数"应为 1，定量方法选"外标法"；

"化合物"窗口要看一下界面左上角是 ECD，还是 FID。FID 出现的第一个小峰（4.6 min 处）为 CH_4 的峰，出现的第二个高峰为 CO_2（8.2 min 处）；ECD 出现的峰为 N_2O（10.4 min 处）。"保留时间"一栏可鼠标点击不同化合物的"峰中心"位置，时间就会自动保存，化合物浓度根据"标准气说明书上的含量"进行填写。

（3）修改完成后点击"视图→保存图标→应用到方法"，将方法进行命名并保存至电脑的文件夹中。

（4）点击界面左下角的"方法"按钮，点击文件夹，找到步骤（3）命名的方法。

（5）右上角找到"数据文件"窗口，右击"级别 1：5.64"，弹出文本框，（如已经有被选择的方法，先右击鼠标将其删除，然后点击 1：5.64，再选择"添加"），选择"添加"，弹出"添加数据文件"，找到步骤（1）中新测的标气

（即步骤（2）编辑信息的标气），检查界面 ECD 和 FID 的三种气体是否有标线视图，如图 3-11 所示。

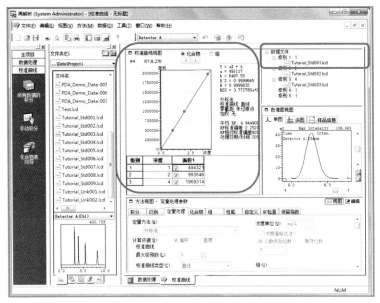

图 3-11　检查三种气体标线的视图界面

（6）单击工具栏上的"保存"按钮，该方法文件将保存。

2. 当 ECD 没有数据时，检查测定方法中 ECD 的仪器参数，查看"检测信号差减"是否为"无"，而非"FID"。

3. ECD 或 FID 结果中没有数值或名称

在"再解析"界面中，找到"方法视图"的"积分参数框"，点击右上角的"编辑"，将半峰宽、斜率、最小面积/高度的数值调小，然后点击"编辑"的左边"视图"，观察是否出现数值或名称，若未出现，则继续调整这 3 个参数。参数的大小不影响结果和准确度。

4. 如何手动添加峰

点击"方法视图"，然后找到积分参数页面，点击右上角的"编辑"，点击程序，积分时间程序，左上角的第三个图标，手动拉峰，点击"确定"即可。

五、思考题

1. 气相色谱仪工作测试原理是什么？

2. 气相色谱仪正式测样前需进行哪些检查和准备？

3. 气相色谱仪配件长时间使用出现老化导致仪器无法达到稳定时，如何通过测定标气建立新的测定方法？

六、参考文献

董红敏，李玉娥，陶秀萍，等 .2008. 中国农业源温室气体排放与减排技术对策 [J]. 农业工程学报，24（10）：269-273.

高尚洁，刘杏认，李迎春，等 .2024. 施用生物炭和秸秆还田对农田温室气体排放及增温潜势的影响 [J]. 中国农业科学，57（5）：935-949.

李成伟，刘章勇，龚松玲，等 .2022. 稻作模式改变对稻田 CH_4 和 N_2O 排放的影响 [J]. 生态环境学报，31（5）：961-968.

李秋萍，李长建，肖小勇，等 .2015. 中国农业碳排放的空间效应研究 [J]. 干旱区资源与环境，29（4）：30-35.

刘畅，迟道才，张丰，等 .2023. 稻草生物炭对干湿交替稻田 CH_4 和 N_2O 排放的影响 [J]. 农业工程学报，39（14）：1-11.

习近平 .2020. 继往开来，开启全球应对气候变化新征程——在气候雄心峰会上的讲话 [J]. 中华人民共和国国务院公报（35）：7.

习近平 .2020. 在第七十五届联合国大会一般性辩论上的讲话 [N]. 人民日报，9-23（003）.

Frank S，Havlík P，Stehfest E，et al. Agricultural non-CO_2 emission reduction potential in the context of the 1.5 C target [J]. Nature Climate Change，9（1）：66-72.

Lal R. 2007. Carbon management in agricultural soils [J]. Mitigation and Adaptation Strategies for Global Change，12：303-322.

Liu M，Yang L. 2021. Spatial pattern of China's agricultural carbon emission performance [J]. Ecological Indicators，133：108345.

本方法中仪器使用操作部分参考岛津制作所北京分析中心提供的《岛津气相色谱操作手册》.

第三节　作物叶片 CO_2 气体交换及蒸腾作用的自动监测

——植物生理生态监测系统

陆生植物吸收的水分中，只有极少数（1%～2%）用于体内代谢，绝大部分都散失到体外。体内水分散失的方式除了少量的水分以液态的形式通过"吐水"的方式排出体外，大部分水分以气态的形式逸出体外，即通过蒸腾作用的方式散失。

　　蒸腾作用（Transpiration）是指植物体内的水分以气态的方式从植物体的表面向外界散失的过程，它在植物的生命活动中具有重要的生理意义。据研究，一株玉米在生育期消耗的水量是 200 kg，其中用于植株组成的水不到 2 kg，参与植物体内反应的水约 0.25 kg，而通过蒸腾作用散失的水量达总吸水量的 99％。由此可见，蒸腾作用是一个蒸发过程，也是一个生理过程。一般用蒸腾速率、蒸腾效率和蒸腾系数等指标来衡量蒸腾作用的状况。

　　叶片是植物蒸腾作用的主要部位。蒸腾过程受植物叶片气孔结构和气孔开度的影响，通过气孔的蒸腾称为气孔蒸腾。气孔是植物叶片与外界进行气体交换的主要通道。通过气孔扩散的气体包括 O_2、CO_2 和水蒸气。植物在光下进行光合作用，经由气孔吸收 CO_2，但气孔张开又不可避免地发生蒸腾作用，气孔可以根据环境条件的变化来调节其开度大小而使植物在损失水分较少的条件下获取最大的 CO_2。当气孔蒸腾旺盛、叶片发生水分亏缺，或土壤供水不足时，气孔开度就会减小以至完全关闭；当供水良好时，气孔张开，以此机制来调节植物的蒸腾强度。

　　因此，通过研究作物叶片 CO_2 气体交换及蒸腾作用，在不影响光合作用的前提下，减少蒸腾作用对水分的消耗，在节水灌溉、抗旱品种选育等生产实践上具有重要意义。

一、实验目的

　　了解植物生理生态监测系统的构造组成、分析方法及工作原理，学习掌握植物生理生态监测系统的使用操作流程及注意事项。

二、实验原理

　　植物生理生态监测系统是自动长期监测叶片 CO_2 气体交换及蒸腾作用的四通道系统。此系统带有一套四个独创的自动开合叶室，叶室逐一运转，即一个叶室关闭的同时其他叶室处于开放状态，这种自动开合的设计使得叶片 90％ 以上的时间都处于开放状态，因此，即便是进行很长时间的监测，也不会对叶片的自然状态有太大的扰动。

　　在开放的光合测量系统中，CO_2 的交换由 CO_2 输出浓度（C_{out}）的降低量决定，此浓度的降低量是与引入的周围环境空气（C_{in}）相比较得出的。CO_2 交换率可由以下公式计算：

$$E=k\times(C_{in}-C_{out})\times F \qquad (3-3)$$

　　其中，F 为空气流速，k 为环境因素系数，由空气温度及气压决定，系统会自动计算此系数。

　　蒸腾速率可按下列公式计算：

$$T_r = (H_{out} - H_{in}) \times F \qquad (3-4)$$

式中，H 为空气中水蒸气的绝对浓度（$g \cdot m^{-3}$）。为了缩短测量周期，H_{out} 在叶室关闭后 20 s~30 s 的稳定期进行计算。计算 H_{out} 时也考虑到了叶室内部湿度的增加，因此也测定了周围空气湿度的初始蒸发速率。

测量周期从叶室 1 开始，第 1 个 30 s，进行叶室 1 的通道净化，这个时期结束时测量参比 CO_2 浓度 C_{in}。此时叶室 2、3、4 也是处于打开状态，并由另一个气泵进行通道净化。然后叶室 1 关闭，进入 30 s 的测量时期，在测量时期即将结束时，系统读取 C_{out} 值。然后下一个叶室重复同样的测量循环。如果系统连接了可选传感器，这些传感器的数据会在所有叶室测量之前进行测量。4 个叶室进行一个完整的测量周期大概需要 4 min，在此期间，每个叶室关闭 30 s。

植物生理生态监测系统可长期、自动监测植物的光合速率、蒸腾速率、植物生理生长状态和环境因子，从而得到植物的全面的信息。

三、仪器及测试步骤

以 Bio Instruments S. R. L 公司生产的 PTM-48A 植物生理生态监测系统为例。

（一）仪器构成

PTM-48A 植物生理生态监测系统主要包括主机系统控制台（构造见图 3-12）、LC-4B 透明叶室（构造见图 3-13）、RTH-48 传感器组合（构造见图 3-14）、电源适配器及安装支架等多个部分。其中叶室控制面板构造见图 3-15。

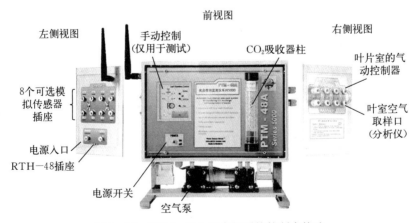

图 3-12　PTM-48A 的主机系统控制台构造

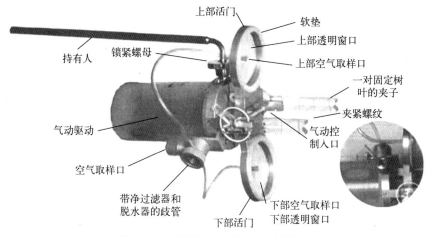

图 3-13 PTM-48A 的透明叶室构造

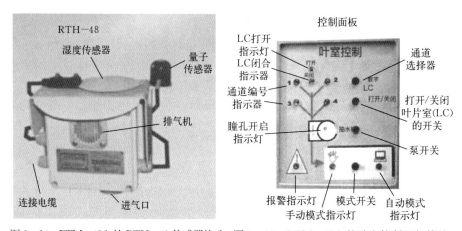

图 3-14 PTM-48A 的 RTH-48 传感器构造 图 3-15 PTM-48A 的叶室控制面板构造

（二）仪器功能

该系统是可以自动监测叶片 CO_2 气体交换及蒸腾作用的四通道开放型系统，具备 4 个自动开合的叶室，可在 30 s 内获得叶片的 CO_2、H_2O 的交换速率。LC-4B 透明叶室和 LC-4D 非透明叶室双叶室配合使用，可研究植物的光呼吸、暗呼吸、总光合和净光合速率。该系统还配备 1 个数字通道，连接 RTH-48 传感器组合，可测定空气温度、湿度、光有效辐射和叶片湿度。该系统可长期、自动监测植物的光合速率、蒸腾速率、植物生理生长状态和环境因子，从而得到植物的全面的信息。该系统田间使用如图 3 - 16 所示。

（三）操作步骤

1. 气路连接

将 4 个叶室通过 4 对 PVC 软管连接到 Air sampling 气体采样和 Pneumatic control 气路控制入口处。

（1）选择一个连接入口。所有气体采样和气路控制接口均在系统控制台的右侧。采样接口为绿色，控制接口为蓝色。为避免接口连接错误，所有采样及控制 PVC 软管均以适当的颜色及编号标记。

（2）将环形螺母旋松，将 PVC 软管的一端穿过环形螺母，将软管连接到接口，旋紧环形螺母。

图 3 - 16　PTM - 48A 田间使用示意图

（3）将软管的另一端连接到叶室，将 PVC 软管的末端穿过环形螺母，将取样软管连接到叶室适当的接口，旋紧环形螺母。

2. 电路连接

将仪器电源连接线四针头端口插入主机 12 VDC IN 电源接口，电源连接线衔接 AC/DC 电源适配器后插入外接电源，外电源可选 12 VDC@60 W 或 220/110/100 VAC 50/60 Hz@150 W。

3. 安装叶室

（1）组装一个三脚架，将角度夹安装到三脚架上，拧紧锁紧螺栓，将支架连接到叶室，并稍微拧紧锁紧螺母。

（2）将支架插入角度夹，拧紧相应的锁母螺栓。

（3）调整外倾角的位置，打开叶室夹子，将叶片固定在中间位置，然后拧紧锁紧所有的螺栓和螺母。

（4）将叶室安装到三脚架上，注意叶室的朝向，应该朝向太阳的方向，不要使叶室在叶片上产生阴影。

4. 操作模式

（1）手动模式。注意手动模式仅用于检测系统气路，并不能进行测量。手动模式中，可通过系统控制台面板上的按键控制气泵、气路切换、叶室开合等。

（2）自动模式。自动模式是主要的操作、测量模式。自动模式中，系统根据当前的"测量任务（Project）"设定的设置进行操作。需先用 PC，通过软件设置测量任务（Project），把测量任务传输到系统，系统将根据设置自动工作，不再需要连接 PC。工作过程中如果意外断电，供电恢复后系统将按照最后的测量任务（Project）继续运行。

5. 软件安装

将安装光盘放入光驱，安装程序会自动运行，按屏幕提示操作，同时桌面上会出现快捷方式。默认存储路径为：C：\ Program files \ PTM-48A Photosynthesis Monitor \ PTM-48A. exe.

6. 软件操作步骤

（1）软件操作。打开软件，在 PTM-48A Phyto monitor 界面，Create new project 项新建一个测量任务（project）；Open existing project 项打开一个已经存在的测量任务；Connect to PTM-48A 和 Synchronize current project 项：一般情况下，新的 PTM-48A 系统里会存有出厂设置，和用户的配置相对应，可以选择这个选项连接 PTM-48A 并调取里面的设置。注意，系统电源需打开并且保证数据线已经连好。

（2）选择端口（COM 口）。在 PTM-48A/Link setup 里选择连接的端口。台式机一般是 COM 1；如果笔记本使用的是 USB 转 COM 口，需要看一下转成端口 COM 的编号。方法：我的电脑—右键—属性—硬件—设备管理器—端口。

（3）设置 Project。点击 Create new project，即可看到命名窗口，为测量任务命名，点 OK，进入 Project descriptor 设置界面（图 3-17），详细说明如下：

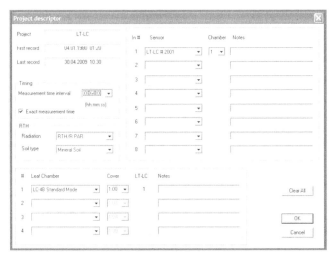

图 3-17 Project descriptor 设置界面

Project 项显示的是这个 Project 的名字。Timing 项可设置自动测量的间隔时间，一般可以设 30 min。

如果勾选 Exact measurement time 项，每次测量就会在整点时开始。例如，在 10:06 时选择 10 min 的测量间隔，并且勾选了该选项，那么系统测量就会开始于 10:10、10:20、10:30……如果不勾选该选项，系统测量就会开始于 10:06、10:16、10:26……

RTH 选项是设置 RTH-48 传感器组合和 SMTE（土壤水分、温度、电导率传感器）。Radiation 项须选 RTH/R PAR，Soil type 项需根据所测的土壤类型进行选择。

Leaf chamber 有 3 个选项，如果连接的是 LC-4B 叶室，一般选择 LC-4B Standard mode。此种模式会在每个叶室测量循环完成后，再额外加 30 s 的时间测量环境 CO_2，这种模式适用于环境 CO_2 浓度有缓慢波动的场合，比如温室内。但是，这种模式会使测量时间延长，并且会导致 CO_2 吸收剂消耗更快。如果连的是 LC-4D 遮光叶室，则选择 LC-4D Opaque chamber。

Cover 项，当叶片面积小于叶室窗口时，需测量出叶片的实际面积，再算出此面积与叶室窗口面积（20 cm^2）的比值，然后输入 Cover 项内。这样系统计算叶片 CO_2、H_2O 交换速率时会将此参数计算在内。

LT-LC 栏显示的是叶室上连接 LT-LC 叶片温度传感器的数量。Notes 栏，可以写入一些备注信息。

Sensors 选项，选择所购买的传感器。Notes 栏，可以写入一些备注信息。

以上选项完成后，点击 OK，弹出窗口，点击 Yes，就把设置好的 Project 传入 PTM-48A，PTM-48A 就会根据设置进行工作。

（4）查看数据。View/Control panel 菜单下，有两个选项：一是 Last data record 项查看最后一条数据；二是 Current values view 项查看当前的实时数据，这时 PTM-48A 须和 PC 处于连接状态。实时数据是一直在更新变动的，此时叶室不进行测量。Data Table 查看当前 project 测得的所有数据。Table view mode 选择数据查看模式。

（5）开始/停止运行测量。有黄、绿、红三个按钮分别与 PTM-48A 菜单下的三个命令相对应。

（6）传感器数据库（Sensors database）。Project/Sensors database 打开传感器数据库。传感器数据库里含有所有 PTM-48A 可连接的传感器的列表及其参数。

注意：不要轻易改动这些列表和参数，否则有可能导致传感器测量错误。

（7）导出数据。Project/Export 可以导出数据，数据格式可以选择. txt 或. csv。

（8）查看数据文件。各项参数及代表意义见表 3-1。

表 3-1 PTM-48A 植物生理生态监测系统各项数据参数及意义

参数符号	概念描述
CO_2 Conc. Ref 1	通道 1 的参比 CO_2 浓度（μmol·mol^{-1}）
CO_2 Conc. LC 1	通道 1 的样本 CO_2 浓度（μmol·mol^{-1}）
Air Flow 1	通道 1 的空气流速（L·min^{-1}）
Abs. Humidity 1	通道 1 的空气绝对湿度（g·m^{-3}）
Transpiration 1	蒸腾速率（mg·m^{-2}·s^{-1}）
CO_2 Exchange 1	通道 1 的 CO_2 交换速率（μmol CO_2·m^{-2}·s^{-1}）
CO_2 Conc. Ref 2	通道 2 的参比 CO_2 浓度（μmol·mol^{-1}）
CO_2 Conc. LC 2	通道 2 的样本 CO_2 浓度（μmol·mol^{-1}）
Air Flow 2	通道 2 的空气流速（L·min^{-1}）
Abs. Humidity 2	通道 2 的空气绝对湿度（g·m^{-3}）
Transpiration 2	蒸腾速率（mg·m^{-2}·s^{-1}）
CO_2 Exchange 2	通道 2 的 CO_2 交换速率（μmol CO_2·m^{-2}·s^{-1}）
CO_2 Conc. Ref 3	通道 3 的参比 CO_2 浓度（μmol·mol^{-1}）
CO_2 Conc. LC 3	通道 3 的样本 CO_2 浓度（μmol·mol^{-1}）
Air Flow 3	通道 3 的空气流速（L·min^{-1}）
Abs. Humidity 3	通道 3 的空气绝对湿度（g·m^{-3}）
Transpiration 3	蒸腾速率（mg·m^{-2}·s^{-1}）
CO_2 Exchange 3	通道 3 的 CO_2 交换速率（μmol CO_2·m^{-2}·s^{-1}）
CO_2 Conc. Ref 4	通道 4 的参比 CO_2 浓度（μmol·mol^{-1}）
CO_2 Conc. LC 4	通道 4 的样本 CO_2 浓度（μmol·mol^{-1}）
Air Flow 4	通道 4 的空气流速（L·min^{-1}）
Abs. Humidity 4	通道 4 的空气绝对湿度（g·m^{-3}）
Transpiration 4	蒸腾速率（mg·m^{-2}·s^{-1}）
CO_2 Exchange 4	通道 4 的 CO_2 交换速率（μmol CO_2·m^{-2}·s^{-1}）
Air Temperature-RTH/AT	空气温度（℃）
Relative Humidity-RTH/RH	空气相对湿度（RH%）
Vapour Pressure Deficit-CV/VPD	蒸汽压亏缺（kPa）（选择了温度和相对湿度传感器）
Dew Point-CV/DP	露点温度（℃）（选择了温度和相对湿度传感器）

四、注意事项

1. PTM-48A 植物生理生态监测系统使用时，务必要把系统控制台平稳地放置在水平、稳固的地方，且该系统的任何部件、任何传感器都必须轻拿轻放。

2. 取样通道的空气流速过低，需进行调整；空气过滤器堵塞严重，需更换过滤器；叶室窗的透明度过低，需使用软布或纸巾清洁。

3. 更换 CO_2 吸收柱

吸收柱中吸收剂的颜色超过 2/3 变为土黄色时，应进行更换。CO_2 吸收柱安装在系统控制台的前面。更换方法为关闭气泵，双手把吸收柱取下，更换吸收剂，而后将吸收柱放回。

4. 更换 CO_2 吸收剂

吸收柱两端有 2 个黑色的盖子，每个盖子包括 2 个白色塑料片、2 个 "O"形环及 2 个泡沫垫。更换吸收剂时，将黑色盖子取下，将内部清空。吸收柱内两端均装有泡沫垫，以防止移除时盖子脱落造成的吸收剂泄漏。更换吸收剂后，应轻轻敲击吸收柱，确保药品密实，泡沫垫安装良好。两端的 "O"形环应保持干净，并定期使用硅树脂油涂抹，以方便安装，涂抹后确保 "O"形环正确放入其凹槽中，且没有变形。

注意两端的装置中 "O"形环容易卷起，脱离凹槽，这会导致泄漏，同时还可能导致 SBA-4 不能正常工作。盖子与吸收柱应该是密合的。不要用力推两端的装置，否则会导致吸收柱管破裂，从而导致柱体漏气。

5. 更换碱石灰吸收剂

仪器所使用的吸收剂为碱石灰，为颜色指示的小颗粒（1 mm~2.5 mm），耗尽时会由绿色变为土黄色。在其 2/3 都变为土黄色时需进行更换。碱石灰不能重复利用。为保证测量及校正精确，碱石灰吸收剂不可完全耗尽。如果碱石灰耗尽，则会导致零点不准，从而导致校准错误。碱石灰须密闭存放，放置于阴凉干燥处。注意接触碱石灰后一定要洗手。

6. 及时清洁叶室过滤器

用肉眼检查滤网情况，如有堵塞（如灰尘、土粒等），则需进行清洁。打开螺旋盖，取出滤网并去除外部灰尘等，如有必要可以使用中性清洗剂（如洗洁精）清洗滤网，将滤网放回，盖好螺旋盖，拧紧。

7. 空气流速控制

系统控制台的面板上有一个调节空气流速的旋转式流量计，测量时空气流速应控制在 0.8 LPM~1.0 LPM（L/min），如有必要可进行调节。

8. 系统读数是气路和电路运行的综合结果

系统中有很多自动间隔错误检测，对错误数据进行筛选，并将此种数据在数据表中以星号（＊）标出。

9. 环境 CO_2 的影响

PTM-48A 是开放型的系统，对叶室周围的 CO_2 浓度变化很敏感，因此，应使所有可能的 CO_2 源远离试验区域。操作者的呼吸可能是数据出现错误的主要原因，因此操作使用时，操作者务必与正在工作的叶室保持距离。

10. 有降雨时气体分析系统将自动停止

RTH-48 上有一个干湿传感器，一旦该传感器检测到传感器表面有液态水（可能由降雨、喷灌等引起）系统就会自动关闭气泵，停止气体测量，这是一套保险系统，以保护气体分析器。但其他传感器的测量、存储等照样进行，不受影响。

11. 系统警报

在某些特殊情况下，系统亮起控制面板上的警报指示灯。具体情况见表3-2。

表3-2　PTM-48A 植物生理生态监测系统控制面板上警报指示灯亮的应对措施

警报指示灯的表现	可能的原因	系统将如何反应	怎样处理
警报指示灯闪烁	干湿传感器检测到传感器表面有液态水	为保护仪器，系统将临时暂停气体测量，但其他传感器测量照常进行	不必作任何处理，条件适合测量后系统会自动再开始测量
	空气流速不在正常范围，正常应控制在 0.8 LPM～1.0 LPM	系统照常工作，但气体分析相关的数据会标记星号（＊）	把流速调整到 0.8 LPM～1.0 LPM
	RTH-48 的风扇故障	系统照常工作，但温湿度的数据会标记星号（＊）	维修或更换风扇
第一个测量循环后指示灯闪烁，第二个循环后指示灯常亮	环境温度过高或过低（如低于 0 ℃或高于 60 ℃）	系统将停止工作，直到环境温度合适	避免在极端环境下使用仪器
	气体分析器故障	系统会把气体分析器的故障信息传给电脑。如果故障持续存在，系统将停止气体测量	读取故障信息，作相应处理
警报指示灯常亮	系统处理器和系统的某重要设备通讯异常	系统会把故障信息传给电脑	联系厂商
警报指示灯闪烁	电池电量低	系统会把电池信息传给电脑	充电，或更换电池
警报指示灯常亮	电池电量将尽	系统会把电池信息传给电脑，同时停止工作	充电，或更换电池

五、思考题

1. PTM-48A 植物生理生态监测系统的构造及工作原理是什么？
2. PTM-48A 植物生理生态监测系统操作的关键步骤有哪几项？
3. PTM-48A 植物生理生态监测系统在使用过程中要注意哪些事项？

六、参考文献

高玉红，牛俊，义徐锐，等.2012.不同覆膜方式对玉米叶片光合、蒸腾及水分利用效率的影响［J］.草业学报，21（5）：178-184.

王建林，温学发，赵风华，等.2012.CO_2 浓度倍增对 8 种作物叶片光合作用、蒸腾作用和水分利用效率的影响［J］.植物生态学报，3（5）：438-446.

李合生.2019.现代植物生理学［M］.北京：高等教育出版社.

本方法仪器使用部分参考北京易科泰生态技术有限公司提供的《PTM-48A 植物生理生态监测系统使用说明及操作指南》.

第四节　土壤氨挥发量的实时测定
——土壤氨气通量测量系统

一、实验目的

掌握利用土壤氨气测量系统测定一定区域土壤氨气通量技术，可以进行作物施肥方式、不同耕作措施对环境影响的研究，达到有效利用自然资源，保护生态环境的目的。

二、实验原理

采用土壤氨气通量测量系统，利用箱室法土壤气体通量测量原理，结合超便携型氨气分析仪，实现 8 个测量室自动顺序切换，每 10 min 测量一个呼吸室，循环依次准确连续测量每个土壤呼吸室，且测量室内浓度能自动恢复至背景值。

三、仪器及工作原理

（一）仪器

主要由氨气分析仪主机（本实验以 915-0016 型 LGR 超便携型氨气分析仪为例）、8 通道气体通量测控单元和 8 个自动土壤呼吸室（测量体积：3 100 cm³，测量面积：314 cm²）及软件控制装置组成，如图 3-18。

图 3-18　915-0016 型 LGR 超便携型氨气分析仪

（二）仪器工作原理

仪器主机采用了离轴积分腔输出光谱（OA-ICOS）技术，其基础理论为经典的 Beer 定律，即当一束激光直接穿过目标气体，某种分子的混合率（浓度）与测量出的光束吸收有如下关系：

$$\frac{I_v}{I_o}=\mathrm{e}^{-SLxPP\phi v} \qquad\qquad (3-5)$$

式中，I_v 为在频率 v 的激光穿过样品后的激光强度（W·cm⁻²）；I_o 为进入腔室前的激光强度（W·cm⁻²）；P 为气体压力（Pa）；S 为吸收线强度（J·cm⁻²·s⁻¹·Sr）；ϕv 为跃迁线性方程$\left(\int \phi(v)\mathrm{d}v\equiv1\right)$；$L$ 为光路长（cm）；x 为气体浓度（mol·L⁻¹）；对方程（1）进行转换，得到混合率的方程：

$$x=\frac{1}{SLP}\int_v \ln\left(\frac{I_o}{I_v}\right)\mathrm{d}v \qquad\qquad (3-6)$$

因此，NH_3 分子的绝对数量可以通过特定波长激光的吸收状况得到。

四、实验步骤

（一）安装仪器

1. 正确连接氨气分析仪主机、气体能量测控单元、电脑的电源。

2. 连接氨气分析仪与气体能量测控单元，呼吸室与气体能量测控单元的气路与通讯数据线。

3. 通过笔记本电脑搜索无线局域网络，与分析仪主机联机，实时检测分析仪的工作状态。

（二）配置文件

1. 参数设置

打开土壤通量系统配置软件，根据实验需要输入产品序列号，设置通量计数初值、呼吸室个数、启动测试标志、起始测试日期、起始测试时间、气泵工作时间、气体测量时间、气体排空时间、气室名称、土环截面积、土壤表面深度等。

2. 读取参数

点击土壤通量系统配置软件界面上的读取按钮，选择 U 盘根目录下名为 CONFIG. TXT 的文件，配置参数将显示在对应参数名称后面的文本框中。

3. 存取参数

在对应参数名称后面的文本框中输入合法有效的数值，点击保存按钮，将生成的文件名默认为 CONFIG. TXT 的配置文件保存至 U 盘。

五、注意事项

（一）气路接口

1. 在需要拔出气体管路时，一定要使用专用的拔管器用力压住快速接头再将管子拔出；插入气体管路时一定要用力插至快速接头底部以确保不会漏气。

2. 不用的气路接口一定要用厂家提供的盲管堵住，防止气体泄漏或水进入气体管路，损坏仪器。

（二）电气接口

1. 在连接电缆时首先要关机断电，然后将电缆接头的卡扣对准机箱上面与之对应的卡槽，同时将插针完全插入对应的孔位，再顺时针旋转直至拧紧。

2. 在拔出电缆时首先关机断电，然后逆时针旋转电缆接头的卡环直至其完全脱离机箱上面与之对应的接口，再用力将电缆接头从接口中拔出。

六、思考题

准确测定土壤的氨挥发量对农业生产有何意义？

七、参考文献

胡春胜，张玉铭，秦树平，等 . 2018. 华北平原农田生态系统氮素过程及其环境效应研究 [J]. 中国生态农业学报，26（10）：1501 - 1514.

Huo Q, Cai X H, Kang L, et al. 2015. Estimating ammonia emissions from a winter wheat cropland in North China Plain with field experiments and inverse dispersion modeling [J]. Atmospheric Environment，104：1 - 10.

第四章 作物田间小气候环境测定技术

田间小气候是指作物生长时空近地范围内，空气、土壤物理环境及农作物群体生命活动相互作用形成的综合小气候环境，受自然环境（如地形、植被、水体等）、人类活动（如耕作方式、灌溉等）及作物自身生理活动的共同影响。与客观自然气候环境相比，农作物群体生长空间内光照、温度、湿度、风力及二氧化碳浓度等气候因子的变化会引起植株个体生长发育的不同响应，具有更为复杂的空间和时间变化特征，从而影响农作物生长发育和产量的形成。

在田间小气候环境中，温度、湿度、风速和光照等因素相互交织，共同构建了一个复杂而微妙的生态系统。温度对农作物的生长有着深远的影响，对作物生长速度、发育阶段、产量和质量产生直接影响。在适温下，作物能够充分吸收养分，进行正常的生理活动，从而苗壮成长。同时，温度还是影响病虫害发生和发展的重要因素。通过对温度的监测，我们可以及时预测和防控病虫害，为农业生产提供保障。同时，湿度对农作物的生长也至关重要，适宜的湿度条件有助于作物进行正常的蒸腾作用和光合作用，提高光能利用率。湿度过低或过高都会对作物的生长造成不利影响。因此，我们需要密切监测田间空气湿度，以便及时调整灌溉计划，确保作物得到适量的水分，从而保持最佳的生长状态。而风速，这个看似微不足道的因素，实际上在农田小气候中扮演着重要的角色。风速的增加可以加快空气流通，加强热量交换，有助于土壤蒸发和植物蒸腾。这不仅对作物的生长有利，还能帮助调节农田小气候，使作物群体内部的空气不断更新。光照对农作物的生长具有决定性的影响，是作物进行光合作用必不可少的条件，直接影响作物的生长和产量。同时，光照还影响农作物的形态建成、生长发育以及叶的方位等。为了满足不同作物对光照的需求，需要通过光照监测来调整农作物生长环境中的光照条件。有研究表明，作物分化和发育的不同实质是对不同光照长度和不同温湿度的响应。与单一作物种植模式相比，间套种模式下，空间生态位的不同会对此模式下作物群体中的光强、光质分布、温度及湿度产生直接影响，表现为影响作物的形态建成、抑制或促进发育。

不同作物表现出不同的小气候特征，相同作物也会因个体不同对田间小气候的响应表现出生长发育、品质和产量的波动。前人研究表明，适宜的田间小气候条件，能够促进作物生长，提高作物品质和产量，反之则会产生抑制效应，造成不利影响。因此，研究作物田间小气候，掌握作物生长小气候时空变化特征，从而利用栽培措施优化调控对适宜田间小气候环境的形成具有重要意义。

第一节 田间环境的实时测定
——农业环境检测仪

一、实验目的

掌握农业环境检测仪的操作方法，快速检测田间某一位置的温度、湿度、光照强度、CO_2 浓度等环境指标，以更好地了解农田环境实时状况，从而做出相应栽培措施的调整和优化，改善作物生长环境。

二、实验原理

(一) 温度测定原理

温度测定的核心在于热敏电阻。这种元件对环境温度的变化极为敏感，当环境温度发生微小变化时，热敏电阻的电阻值会随之发生相应调整。这种变化会被内部的电路系统精确捕捉，并转化为可处理的电信号。随后，经过精密的放大和校准处理，这些电信号被转化为易于理解的准确温度值。

(二) 湿度测定原理

采用湿度电容传感器，能够敏锐地感知环境湿度的细微变化，并通过改变自身的电容值来响应这种变化。这种电容值的变动会被仪器内部的电路系统捕捉，转化为电信号。

(三) 光照测定原理

传感器能感受环境光照强度的变化，并将这种变化转换为电信号输出。通过测量这个电信号，可以准确地得到当前环境的光照强度。

(四) CO_2 浓度测定原理

采用了红外线吸收原理。测量室内，一端发出红外线光源，而另一端则配置了精心设计的滤光镜和探测器。滤光镜能够确保只有特定波长的光线通过，而探测器则负责精确测量通过测量室的光能量。由于光能量变化与环境中 CO_2 浓度直接相关，可以间接推算出 CO_2 的浓度。

三、实验仪器

本方法所使用的仪器为 BNL－GPRS－4G 型农业环境检测仪（图 4－1），可以实现在线检测和数据传输。

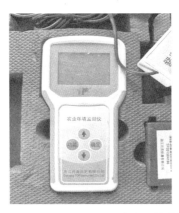

图 4－1 BNL－GPRS－4G 农业环境检测仪

四、实验操作

（一）实验准备

开始测量前，需要检查设备是否完好无损并准备所需的各种传感器，如温度传感器、光照传感器、CO_2 传感器、湿度传感器等。确保设备电池电量充足，如电量不足应提前充电。熟悉设备的使用说明书，了解各个传感器的功能和操作方法。

（二）设备安装与连接

安装主机天线，确保信号接收良好。通过集线器连接主机和各个传感器。注意传感器的接口要对应正确，避免接错导致设备损坏。检查各个传感器与主机的连接是否牢固，确保数据传输的稳定性。

（三）设备启动与参数设置

打开电源开关，启动农业环境检测仪，观察设备是否正常启动，各个传感器是否工作正常。根据实验需求，设置各个传感器的参数范围。例如，可以设置温度、湿度的上下限报警值，以便在环境参数超出设定范围时及时报警。确保设备已经连接至 GPRS 网络，以便实时上传测量数据。

（四）数据采集与记录

在设备正常运行后，开始采集环境参数数据。数据将自动上传至仪器云平台。在电脑端登录云平台，查看和分析实时数据。可以根据需要选择不同的数据表达方式，如表格、线形图、柱状图等。定期检查数据采集情况，确保数据的准确性和完整性。如发现异常情况，应及时检查设备和传感器的工作状态。

五、注意事项

1. 确保电池电量充足

电量不足时应连接电源适配器充满电后再使用，以延长设备的使用时间并确保数据的连续采集。为了延长电池寿命，建议在不测量时手动关闭设备。

2. 传感器的安装与连接

在安装传感器时，应严格按照说明书操作，确保传感器与主机正确连接。注意传感器的接口类型，避免接错导致设备损坏或数据不准确。

3. 设备保护与存放

避免将设备暴露在极端温度、湿度等环境条件下，以防损坏设备或影响测量准确性。在使用过程中要小心轻放，避免设备受到撞击或震动。

4. 定期校准与维护

为了确保测量结果的准确性和可靠性，建议定期对设备进行校准。保持设备及其传感器的清洁，定期进行维护和保养。

六、思考题

1. BNL - GPRS - 4G 农业环境检测仪的使用注意事项有哪些？
2. CO_2 浓度的测定原理是什么？

七、参考文献

本方法仪器操作使用部分参考浙江托普仪器有限公司提供的《BNL - GPRS - 4G 农业环境检测仪使用说明及操作指南》.

第二节 作物田间光质、光谱的测量
——分光光谱计

一、实验目的

熟悉并掌握 PG 200N 手持式分光光谱计对田间环境的光质、光谱进行精确测量与分析的方法。通过收集不同时间、不同天气条件以及不同田间位置的光谱数据，探究田间自然光环境下光谱成分的变化规律，为农作物生长条件的优化、光合作用效率的提升以及农业光照技术的改进提供科学依据。

二、实验原理

仪器设计基于高精度的 CMOS 线性图像传感器，在 350 nm～800 nm 的波长范围内，以 1 nm 的增量（带宽 12 nm）捕获光子通量密度，并通过余弦校正确保视野内测量的准确性。内置的光合有效辐射（PAR）参考光谱允许实时评估植物对光的吸收情况。

三、实验仪器

本方法所使用的仪器为 PG 200N 手持式分光光谱计（图 4 - 2）。通过高精度的光谱测量、余弦校正响应技术、重力传感器的辅助、防水防尘设计以及内置的 PAR 参考光谱等功能，为植物提供全面而准确的光环境测量。

图 4 - 2　PG 200N 手持式分光光谱计

四、实验操作

（一）测量前准备

1. 仪器充电

将充电器取出并连接至本产品的电源充电口，设备便会开始充电过程。在关机状态下，红色指示灯会亮起以指示充电状态，而当充电完成时，红色指示灯会自动熄灭。若设备处于开机状态，可以通过观察荧幕画面右上角的闪电符号来确认充电状态，该符号会在充电过程中显示，并在充电完成后消失。

2. 安装存储卡

安装 Micre SD 卡可以储存数据档案及画像档案，Micre SD 容量要求 1 GB 以上。

3. 连接光机

当需要将光机与本体连接并将光机安装在反面时，务必确保电源处于关闭状态。首先，将安全锁向两侧推开以解锁，之后可轻松拆开光机与本体。在使用 USB Type - C 传输线进行远距离服务测试时，请确保电源已关闭再进行拔插连接操作。连接后，务必紧固传输线与光机之间的螺丝，以确保稳定连接，即可进行测量工作。

（二）仪器操作

1. 开机校正

按下电源按钮启动设备时，两个蓝色指示灯将亮起，同时屏幕上显示开机画面。接下来需根据屏幕提示进行暗校正操作。当屏幕显示暗校正对话框时，点击"确认"或"对号"按钮以继续。在继续之前，请确保设备的帽盖已正确闭合，然后再次选择"确认"按钮。当暗校正过程成功完成后，屏幕上会显示相应的提示信息，需再次点击"确认"按钮以结束此步骤（图4-3）。

图4-3 PG 200N 手持式分光光谱计暗校正界面

2. 开始测量

进入"基本模式"后，按页面导航至测量页面。开始测量前，确保光学感受器精准地对准光源，选择位于画面下方中间的测量按钮或左侧的触发键来启动测量过程。一旦听到"哔"声提示，表示测量已完成，测量结果将直接呈现在屏幕上，便于查看和分析。

3. 保存数据

点击右下方的"存档"按钮后，系统将弹出确认对话框。在此对话框中，直接点击"确定"即可保存测量资料。点击后，测量资料将自动存储至记忆卡。为便于日后检索和管理，建议在保存时标记档案名称，并在需要时做好相关记录，见图4-4。

五、数据查看和导出

1. 测量完毕后，关闭测量仪器。

2. 将右侧内存卡拔出，通过读卡器连接电脑后出现以下界面，其中 Picture 为光谱图和基本参数，XLS 工作表中为所测量指标的数值，点击即可查看（图4-5）。

图4-4 PG 200N 手持式分光光谱计测量界面

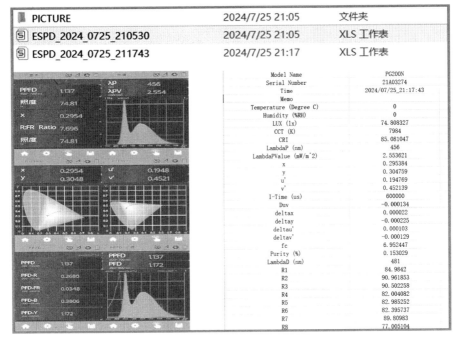

图 4-5　PG 200N 手持式分光光谱计数据导出

六、注意事项

1. 在取用仪器时，请务必格外小心。任何意外的震动或碰撞都可能对其造成损害。请小心地取出，并确保整个过程中仪器的安全。

2. 仪器采用的液晶屏幕超过 99.9％的像素为有效像素，而坏点的数量则控制在 0.1％以下。坏点可能呈现为白色或其他颜色，这些坏点不会影响测量的精确度。

3. 仪器的电池严禁拆卸或改装，以防止发生意外。

4. 避免将电池置于火源或水中，以防止火灾或损坏。

5. 在充电时，请留意电池是否出现过热、冒烟等异常情况，如有，请立即断开电源。同时，确保连接线不被过度加热，并避免使用布料遮盖充电设备，以防异物或水进入。

6. 不要在高温环境下使用或存放电池，以免引发安全问题。同时，禁用有害溶剂清洁设备，以防止设备受损和引发火灾风险。

七、思考题

使用 PG 200N 手持式分光光谱计时注意事项和仪器的可测量指标有哪些？

八、参考文献

本方法仪器操作使用部分参考群耀光学股份有限公司的提供的《PG 200N 手持式分光光谱计使用说明书》.

第三节　作物叶片累积受光量测定

——日射计

一、实验目的

掌握 OptoLeaf D‑Meter RYO‑470M 贴片式日射计的使用方法，学会利用日射计贴片测量并记录叶片在一段时间内的累积受光量，通过实验了解不同作物叶片或同一叶片不同部位在一段时间内的受光情况，进而分析其对植物生长的影响。

二、实验原理

该仪器的贴片是一种用染料浸渍高度透明的薄膜制成的彩色薄膜。太阳辐射的总量是依据暴露于太阳辐射而引起的染料褪色情况来进行测定。使用校准曲线绘制衰落率与传统日射强度计之间的关系，可以将其转换为太阳辐射总量。

三、实验仪器

本方法所使用的仪器为 OptoLeaf D‑Meter RYO‑470M 贴片式日射计（图 4‑6），可以适应各种安装环境（包括水下），支持多点同时测量太阳辐射和光量子的量。

图 4‑6　OptoLeaf D‑Meter RYO‑470M 贴片式日射计

四、实验操作

（一）实验准备

1. 贴片的类型选择，根据操作环境（位置、温度等）和测量周期选择要使用的贴片类型。

2. 裁切贴片：用剪刀将贴片裁成约 1 cm 宽的小片备用（图 4‑7）。

（二）仪器使用

1. 初始吸光度测量，测量初始（暴露前）吸光度作为参考，测量所使用的是贴片吸光度的初始值（即使使用相同的贴片，数值也可能因颜色不均匀而有所不同）。

图 4 - 7　裁切贴片

2. 吸光度使用贴片测量仪器D－Meter进行测量，并记录测量结果。贴片有两个面，内部是暴露表面，与太阳辐射侧的暴露表面一起使用。如果在另一侧使用它，由于数值错误，将无法正确测量。

3. 在测量点进行贴片的安装，安装前检查贴片的曝光表面，将光叶留在原位一段时间以使其暴露。

4. 确定收取贴片时间并检查测量点的曝光状态（如果吸光度低于 0.6，则无法进行正确的测量，曝光不足，甚至过度曝光，都会降低测量的准确性），收集曝光后的贴片，测量其吸光度。

5. 根据每片贴片的吸光度初值和终值，计算吸光度的变化量（ΔA＝吸光度终值—吸光度初值）。并计算褪色率：根据初始吸光度 D_0 和曝光后的吸光度 D，使用以下公式计算褪色率。

褪色率（％）R－3D：$Log_{10}(D/D_0 \times 100)$

　　　　　　Y－1W：$D/D_0 \times 100$

　　　　　　O－1D：$D/D_0 \times 100$　　范围：30％～90％

D_0＝开始时（曝光前）的吸光度

D＝曝光后的吸光度

6. 利用 OptoLeaf 日射计提供的计算公式或图表，将吸光度的变化量转换为累积光强值（MJ·m^{-2}）。对比不同叶片或同一叶片不同部位的累积光强数据，分析光照分布的均匀性和差异性。

五、注意事项

1. 在实验过程中，要确保贴片的保存和使用环境避免光照，以免影响测量结果。

2. 贴片时要轻柔且确保贴片与叶片之间无气泡。

3. 记录所有的实验条件和操作步骤，以便后续分析和重复实验。

六、思考题

1. 在实验过程中，为什么要特别注意贴片的保存环境以及在使用前避免其暴露于光照下？如果贴片在实验前不慎暴露于光线下，会对实验结果产生什么样的影响？

2. 分析测量植物叶片的累积受光量有何意义？

3. 讨论叶片的累积受光量对于我们研究植物的光合作用、生长状况以及生态环境有哪些重要意义？

七、参考文献

本方法仪器操作使用部分参考《OptoLeaf D - Meter RYO - 470M 贴片式日射计使用说明及操作指南》.

第四节　农田气象监测
——农业气象综合监测站

一、实验目的

了解和掌握农田气象监测系统的基本原理和功能，学习操作和使用农田气象监测系统进行实地数据采集。通过对农田环境参数的实时监测，分析气象因素对农作物生长的影响。

二、实验原理

温度传感器：通过热敏电阻、热电偶等元件，感知空气或土壤的温度变化，并将其转换为电信号。

湿度传感器：通常利用电容式或电阻式原理，测量空气或土壤的湿度，并转换为相应的电信号。

光照传感器：使用光敏元件检测光照强度，将光信号转换为电信号。

风速风向传感器：通过测量风杯的转速和方向标志物的指向来确定风速和风向。

降雨量传感器：通常采用翻斗式或称重式原理，测量降雨的量和强度。

三、实验仪器

本方法所使用的仪器为 NL - GPRS - 1 农业气象综合监测站（图 4 - 8）。

具有集成自动化气象监测和数据存储功能，核心构成包括传感器、触摸屏界面、稳定供电系统、坚固支架和清晰显示屏，能够实时捕捉并记录风速、风向、温度、湿度、光照强度、辐射量、降雨量、PM 值和蒸发量等关键气象数据。

图 4 - 8　NL - GPRS - 1 农业气象综合监测站

四、实验操作

(一) 系统安装与设置

首先，需要在农田中选择合适的位置安装传感器，确保传感器能够准确感知环境参数。安装传感器时，要遵循安装说明，比如土壤温度传感器要插入土壤中，土壤水分传感器要注意探针的插入深度等。安装好传感器后，连接主机和各个传感器，确保数据传输畅通。

(二) 数据采集与监测

打开系统电源，启动农田气象监测系统，按照仪器说明设置数据采集的频率和存储方式。系统界面显示各个传感器实时监测到的数据，如土壤温度、湿度、空气温湿度和光照强度等。系统会自动记录并保存这些数据。

(三) 数据分析与报告

通过系统配套的软件，可以对采集到的数据进行处理和分析。软件能够生成曲线图、表格等报表形式（图 4 - 9），可以更直观地了解农田环境参数的变化趋势，从而根据这些数据来评估气象条件对农作物生长的影响，为农业生产提供科学依据。

五、注意事项

1. 定期检查传感器的工作状态，确保其正常运行。
2. 注意保护传感器和主机设备，避免受到恶劣天气或人为损坏。
3. 定期清理设备表面的灰尘和污垢，保持设备的良好工作状态。

六、思考题

1. 农田气象监测系统为什么需要使用多种传感器？这些传感器在农田气象监测中的作用和意义有哪些？
2. 农田气象监测系统中数据的流动过程是怎样的？数据是如何从传感器

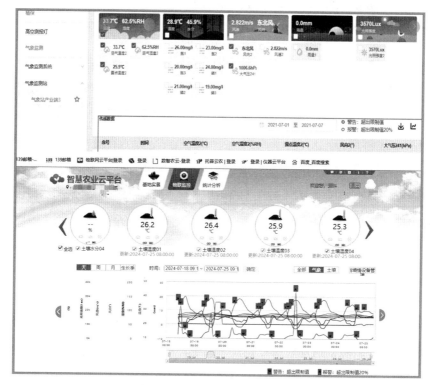

图 4-9　采集数据的处理与分析

采集，最终到达用户手中并用于指导农业生产的？在这个过程中，哪些技术或设备起到了关键作用？

七、参考文献

本方法仪器操作使用部分参考浙江托普仪器有限公司提供《NL-GPRS-1农业气象综合监测站使用说明书》.

第五节　农田光谱数据采集

——农田高光谱测定仪

一、实验目的

理解高光谱技术的基本原理及其在农业中的应用价值，学习操作和使用Ecodrone UAS-8农田高光谱测定仪进行农田光谱数据采集的方法。通过对采集到的光谱数据进行分析，了解作物生长状况、营养状况以及可能存在的病虫害等问题。

二、实验原理

Ecodrone UAS-8农田高光谱测定仪结合了无人机技术和高光谱成像技术，通过无人机搭载高光谱相机，在农田上空飞行并捕捉作物的光谱信息。这些光谱信息能够反映作物对不同波长的光的吸收和反射情况，进而揭示作物的生长状态和健康状况。

高光谱成像技术能够获取连续的光谱信息，与传统的 RGB 图像相比，能提供更丰富、更精细的光谱数据。这些数据可以帮助我们更准确地了解作物的生长情况，及时发现病虫害等问题，并为农业生产提供科学指导。

三、实验仪器

使用的仪器为 Ecodrone UAS-8 农田高光谱测定仪（图 4-10）。具备垂直起降、一键返航及高精度 GPS 定位功能，并且可以利用遥控器在线图传和地面站在线监测。

图 4-10　Ecodrone UAS-8 农田高光谱测定仪

四、实验操作

（一）准备工作

检测电池电压超过 25 V，GPS 定位精度因子 DOP 值小于 1，搜星 6 颗以上。起飞前检查菜单重要项目为绿色（前三项如有异常，会显示为红色；第四项遥控模式颜色不定，需要确认遥控器拨杆实际位置，应置于定点模式），HUD 没有报错信息。

（二）仪器调试

从包装箱中平稳取出无人机主体，放置于稳固的水平面上。随后，取出起落架的底管与固定旋钮，确保旋钮朝向无人机内部，将支撑管精准卡入底管内，并旋紧固定旋钮以确保稳固。

轻轻自底部向上抬起无人机的机臂，并紧固中心架上的旋转卡扣以保证结构稳固。接着将螺旋桨全部旋转180°至直线排列（对于一体式螺旋桨，需逐一仔细安装在电机基座上，注意区分正反方向），同时，展开GPS模块并紧固其固定螺丝，确认所有指示箭头正确指向无人机机头。至于动力电池，需选用满电状态，稳妥安置于电池仓内，并使用绑带进行安全固定。安装时务必区分电池正负极，遵循先负极（黑色插头）后正极（红色插头）的通电顺序，断电时则反向操作。将Rikola hyperspectral imager高光谱成像仪固定在无人机下方，通过USB连接至电脑，并安装相机控制和其他相关文件。

确保无人机遥控器所有控制键均处于预设位置，随后开启遥控器电源，并依次为无人机及数据传输模块供电。接着，启动地面站软件，精确选择对应的端口号与波特率（推荐115 200），进行无人机连接操作。一旦连接成功，界面上的CONNECT按钮将转变为绿色连接状态，同时地面站软件将自动同步并展示无人机的实时数据。

（三）飞行计划

规划好飞行路线和高度，确保能够全面覆盖目标农田区域。同时，注意遵守当地航空法规和安全准则。

（四）数据采集

启动无人机并搭载高光谱相机进行飞行。启动Hyperspectral imager软件，相机以当前所选波长开始成像，并在Live imaging选项卡实时显示。为了优化工作流程，建议更改超立方体保存的文件路径至一个空文件夹，特别是为每个成像时段指定不同的文件夹，以确保后期能够轻松找到对应的暗参考文件。

在Live imaging选项卡中，通过波长滑块选择实时成像的波长，使用旋转影像按钮调整影像方向（虽不影响实际成像），并设置影像分辨率和积分时间以获得最佳成像效果。勾选保存原始数据或校准数据的选项，以便在采集超立方体时自动保存至指定路径。创建波长序列是另一个重要步骤，可通过自动或手动方式完成。自动创建时，只需设定起始波长、结束波长、波长步长和FWHM分辨率，点击创建即可。手动创建则逐一选择并添加所需的波长至序列中。完成序列创建后，确保进行黑色电平校准，这是通过遮盖相机镜头并拍摄暗参考影像来实现的，有助于后续数据的准确处理。当一切准备就绪，通过点击Acquire raw hypercube或Acquire and calibrate hypercube按钮来获取超立方体数据。获取完成后，软件将自动切换至 Analysis 选项卡，展示获取的数据。此时，可以通过 Image index 滑块查看不同波长的影像，并对原始数据进行保存或校准处理。

对于光谱检测，首先需获取一个从光谱参考物体上获取的校准超立方体，并选择一个像素作为光谱参考。设置参考光谱后，即可加载待分析的超立方体，并查看所选像素的反射率光谱。光谱数据可通过 Save spectrum into a file 按钮保存为文本文件，便于后续进一步分析。

（五）数据处理

获取超立方体后，程序自动进入分析模式。分析模式的具体形态取决于数据性质：原始数据、校准数据或通过"加载超立方体"按钮导入的数据。若数据为原始形态，波长将按采集顺序排列，信号电平在 0～4 095，便于核查每个波长的积分时间。如有需要，可通过"保存超立方体"按钮以原始格式保存数据。

进一步分析前，需进行校准操作，点击"校准超立方体"按钮即可，但要求暗参考状态正常。校准后，影像数据按图像索引重组为波长顺序，可通过移动十字光标观察单个空间位置的光谱，要求相机成像期间稳定。

默认显示光谱辐射率，也可通过定义光谱参考获取反射率。光谱图下方的"平均"选项定义取平均值的像素数量。已校准的超立方体可通过"保存超立方体"按钮保存 BSQ - ENVI 格式。设置好"自动缩放"选项后，可利用放大镜功能缩放影像。若光标超出范围，可右击选择"移至中心"返回图像。

（六）数据解读与应用

根据处理后的数据对农田状况进行评估。例如，通过比较不同区域的光谱特征可以判断哪些区域可能存在缺水、缺肥或病虫害等问题，从而及时采取相应的管理措施进行干预和调整农业生产计划。

五、注意事项

1. 安全飞行

在使用无人机进行高光谱数据采集之前，务必确保飞行环境安全，远离人群、建筑物和其他障碍物。遵守当地的航空法规，确保飞行高度和范围合法。注意天气状况，避免在风力过大或有雷雨的情况下飞行。

2. 仪器保护

在操作和使用仪器时，要小心轻放，避免撞击或摔落，以防损坏内部精密部件。保持仪器干燥，避免潮湿环境对电子设备造成损害。

3. 电池管理

确保电池充电充足，并注意电池的保存和使用环境，避免过高或过低的温度对电池性能造成影响。不要在电池电量过低时继续使用，以免对电池和仪器造成损害。长期未使用时，每 3 个月，无人机电池需要进行一次"存储"操作，遥控器电池、RGB相机电池、图传屏幕需要充电一次。高压动力锂电池在不遵循规范存储的条件下，容易发生胀气现象，进而可能导致电池报废。因此，当电池超过 3 d 未使用时，应进行特定的存储操作。值得注意的是，存储操作的充电步骤与常规充电相同，但菜单界面的参数设置有所差异。图 4 - 11 为一个已设定好的CH2 界面示例：

图 4 - 11　CH2 界面

通过短按确认键和上下键，将任务设置为存储模式，电池类型选择为 LiHv，电池串数设定为 6S，电流设置为 2 A，电压则设为 3.9 V。

充电器会自动检测电池电压，并根据检测结果决定是进行放电还是充电：若电池电压高于存储电压，则进行放电；反之，则进行充电。若电池电压高于存储电压，放电过程可能会耗时较长。存储模式完成后，系统会发出声音提示，顶部会显示"√"符号，并且对应的通道界面会变为绿色。最后，按照"正极—负极—平衡线—市电"的顺序，依次断开连接即可。

4. 操作规范

在操作仪器前，务必详细阅读用户手册，并按照规范步骤进行。如果遇到不确定的情况或问题，请及时咨询专业人士或技术支持。

5. 维护与保养

定期对仪器进行清洁和保养，确保镜头和传感器的清晰度。避免长时间暴露在阳光下或极端温度环境中，以延长仪器的使用寿命。

六、思考题

请结合之前提到的仪器使用注意事项，说明定期进行"存储"操作的原因是什么？并简述操作流程包括哪些？

七、参考文献

本方法仪器操作使用部分参考北京易科泰生态技术有限公司提供《Ecodrone UAS - 8 农田高光谱测定仪使用说明书》.

第五章 作物土壤理化性质测定

　　土壤作为地球生态系统中的最核心组成，对农作物生长起到至关重要的作用。它不仅为作物生长发育提供必不可少的水分与养分，同时还调控着根系的呼吸及其他一系列生理生化反应和物理稳定性。通过系统地测定土壤的物理特性（容重、孔隙度、硬度、团聚体结构、水分含量等）、化学特性（养分含量、酸碱度等）和土壤微生物，能够深入掌握土壤的整体健康状况。这些测试数据不仅为制定科学合理的施肥和灌溉策略奠定了坚实基础，确保作物能够均衡且充分地吸收所需养分，还为确定合理的耕作模式提供了有力指导，有助于选择最适宜的耕作方法，从而保护和优化土壤结构。此外，这些数据还为实现农作物的高产目标提供了科学依据，对于作物产量提升和抗性研究等具有重要的生产实践价值。

　　土壤容重是土壤关键的物理性质之一，既能反映土壤质量和生产力水平，又是估算区域尺度土壤碳储量的重要参数。当土壤容重过大时，意味着单位体积土壤中的颗粒和水分含量较多，颗粒间的接触面增大，固结作用增强，导致土壤硬度和紧实度增加。这种情况下，土壤难以形成良好的结构，颗粒的紧密排列限制了透气性和透水性，影响水分和氧气的渗透及植物根系的伸展，不利于作物的生长发育，并在灌溉和排水方面带来困难，最终影响土壤肥力和作物产量。因此，在农业生产中，需要通过合理的土壤管理和改良措施来调节土壤容重，降低土壤硬度和紧实度，提高土壤适生性和生产力。土壤团聚体作为土壤结构的基本单元，其粒径结构与土壤理化性质密切相关，影响着土壤的各个方面，对土壤生态功能（如碳固存和养分保持等）的维持至关重要。土壤酸碱性（pH）直接影响土壤养分有效性。一般来说，当 pH 为 6～7 时，大多数养分元素的有效性较高，然而，pH 的改变对不同养分元素的影响模式不同（图 5-1）。分析土壤 pH 与养分有效性的关系，并适当调节 pH 来改变土壤肥力状况，有利于改善作物生长环境、促进作物生长从而获得更高产量。总之，综合分析和科学调控由土壤容重、硬度、紧实度、团聚体结构、水分含量、养分含量和酸碱度等理化指标组成的土壤生态环境，可以更科学、更高效地指导农业生产，从而提高作物产量和质量，持续推动农业高效发展。

　　微生物与土壤、作物和动物共同构成了基础的农业生态系统，在能量流通及物质转化过程中发挥着至关重要且不可替代的作用。微生物不仅可以通过降

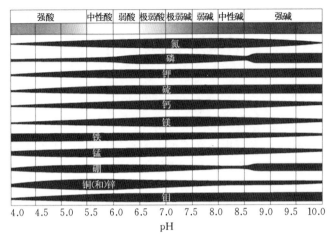

图 5-1　土壤酸碱度对作物养分的影响（Roques et al.，2013）

解有机物形成各种植物所需的无机元素，为农业发展创造良好的物质基础，另外，通过控制微生物种群还可以实现农业种植过程中抑制病虫害、增产提质的目的。微生物种类丰富，包含细菌、真菌、病毒、噬菌体等重要类群，在生物肥料、农药、食药用菌、农业环境等多个领域已得到大规模应用。土壤微生物直接影响着作物的生长发育和土壤的整体健康状况。通过形态学观察、生理生化测试和分子生物学技术等方法可以对微生物进行鉴定，对于优化作物栽培过程、提高农业生产效率、保障食品安全和促进农业可持续发展具有重要意义。

　　综上，土壤容重、硬度、紧实度、团聚体、酸碱度及微生物等生态因子直接影响土壤肥力、透气性、保水能力和作物生长，测定、分析及调控这些特性对指导农业生产至关重要。因此，掌握土壤生态理化指标的测定方法，持续优化现有的高产高效栽培技术对于提高作物产量和改善作物品质具有重大现实意义。

第一节　耕层土壤容重的测定
——土壤容重采样器

一、实验目的

　　掌握环刀法测定土壤容重的原理，并熟练运用土壤容重采样器测定土壤容重以判断土壤密度情况，可为深入了解土壤物理性质、构建适宜的作物生长环境提供理论依据。

二、实验原理

利用配备刃口的环形刀具，在土壤中精确切割出固定体积的土样，确保土样完全填满环形刀具内部。随后，采用电子天平对该土壤样品进行称重（湿重）。之后，将含有土壤样品的环形刀具置于烘箱中，进行干燥处理直至恒重，再次利用电子天平测定其干重。最终，依据所测得的土壤样品干重与环形刀具体积，计算得出土壤的容重。

三、实验仪器

本方法所采用的仪器为北京新地标 XDBO303F 型土壤容重采样器。主要配件包括 T 形手柄、环刀、采样圆环衬套（钻筒）和 2 个废土环（图 5-2，图 5-3）。

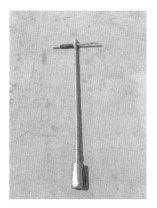
图 5-2　土壤容重采样器图

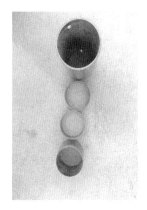
图 5-3　钻筒、废土环（2 个）及环刀

四、操作步骤

1. 准备实验所需工具：环刀、刀托、削土刀、天平、铝盒等。

2. 选择并清洁环刀（环刀体积根据需求选取）。使用精确至小数点后两位的电子天平，逐个称量无样品、清洁、干燥的环刀的初始质量（m_1）。

3. 将环刀刃口向下垂直压入取样点的土壤中，直至达到取样位置刻度线且环刀筒中充满土样为止。

4. 旋转手柄并向上提取后，取出已充满土的环刀，用削土刀细心削平环刀两端多余的土，并擦净环刀外面的土，立即加盖以免水分蒸发。

5. 将盛有土样的环刀（除去顶盖）放入烘箱中，在 105 ℃±2 ℃下烘干至恒重（m_2）。

6. 按照以下公式计算土壤容重（ρb，$g \cdot cm^{-3}$）。公式如下：

$$\rho b = (m_2 - m_1)/V \qquad\qquad (5-1)$$

式中，m_1 为环刀质量（g），m_2 为环刀与土壤样品的质量总和（g），V 为环刀体积，可根据实验需求选取 $100\ cm^3$、$200\ cm^3$ 等。

五、注意事项

1. 取样时，应确保采样器垂直于取样点的土壤表面，避免倾斜。

2. 在取出土壤样品时，务必带废土片一起托取，防止土样掉落。

3. 样品处理时，必须严格按照平行于环刀表面的方向进行切除，避免斜切。

4. 在进行土壤容重测定前，需要确保环刀的内部环境干燥且清洁。

六、思考题

1. 如何快速进行土壤容重的样品采集？

2. 测定土壤容重在农业上有何意义？

七、参考文献

中华人民共和国农业农村部，2006. 土壤检测第 4 部分：土壤容重的测定. NY/T 1121.4 - 2006 [S].

第二节　耕层土壤硬度的快速测定
——土壤硬度计

一、实验目的

土壤硬度是衡量土壤紧实度和通透性的重要指标，对作物根系生长、土壤水分保持和养分吸收具有重要影响。通过学习土壤硬度计的使用，可对农田耕层土壤进行硬度测定，从而为合理耕层的构建提供一定理论依据。

二、实验原理

土壤硬度计的工作原理是通过一个标准的金属探针（或锥头），以预设的恒定速度垂直贯入土壤中。当硬度计的探针（或锥头）被施加恒定的力压入土壤时，土壤的密度和紧实度会对探针产生相应的阻力。压力传感器精确地记录下这种阻力，并将数据传输到显示器上，以 kPa 或 MPa 为单位显示。通过这种方式，能够量化土壤对根系生长的物理阻力，提供土壤紧实度的详细信息。

三、实验仪器

本方法所采用的仪器为 SL-TYA 土壤硬度计（图 5-4 右半部），其通过 SL-TSA 土壤紧实度仪（图 5-4 左半部）进行数据显示。主要配件包括手柄、传感器、测量杆、锥头。

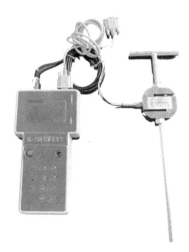

图 5-4　SL-TYA 型土壤硬度计与 SL-TSA 土壤紧实度仪

该仪器配备大尺寸液晶显示屏，能够直观地展示 0~450 mm 深度范围内土壤硬度数值，测得主要技术参数包括测量深度、测量范围、响应时间、检测灵敏度和测量接触面积等。

四、操作步骤

1. 校验仪器状态

确认土壤硬度计整体完好无损，检查电源线、连接线及传感器等部件是否完好无损。

2. 选择测试区域

选择具有代表性的土壤区域，确保该区域土壤处于干燥状态且满足测试条件。

3. 开机设置

开启电源开关，进入仪器的操作界面。使用上下键进行调零和单位设置，确保测量基准正确，之后按确定键保存设置。

4. 连接设备

将传感器插头与手柄紧密连接，随后将传感器与主机进行连接，确保连接牢固，通信正常。

5. 设置测试参数

根据具体的土壤类型和测试目的，选择合适的测试模式，并设置相应的参数，以确保测量的针对性和准确性。

6. 插入传感器

轻轻握住传感器手柄，将传感器垂直且平稳地插入土壤中。在插入过程中，避免用力过猛，以防损坏仪器或土壤样本。

7. 记录数据

在土壤硬度计完成数据采集后，通过上下键选择需要记录的测量数据，然后按下确定键保存。

8. 查看及导出数据

将测试主机与计算机连接，打开仪器电源，待测试记录显示后，点击计算机配套软件的"接收"，按一下仪器"测试"键，即可将仪器保存的所有测试数据上传至计算机。然后选择存储路径和输入文件名称即可完成数据上传。

五、注意事项

1. 注意量程限制。请确保使用本仪器时不超过其最大量程，以防止因过载而导致仪器损坏。

2. 使用与仪器配套的充电器进行充电，使用不匹配的充电器可能导致安全事故。

3. 正确清洁方式。在清洗仪器时，建议使用软布。首先，将软布浸泡在含有洗涤剂的水中，然后拧干，用它轻轻擦拭仪器表面，以去除灰尘和污垢。

4. 参数设定。该仪器内置的土壤容重和校正系数已在出厂前由厂家精确校准，为了保持测量的准确性和可靠性，不要自行对这些参数进行修改或调整。

六、思考题

1. 如何进行不同深度土层硬度的快速测定？
2. 土壤硬度计是否适合于全部类型的土壤？

七、参考文献

本方法中仪器使用部分参考北京盟创伟业科技有限公司提供的 SL - TSA/TSB/TSC 紧实度仪操作说明.

第三节　耕层土壤紧实度的测定

——土壤紧实度仪

一、实验目的

土壤紧实度直接影响作物根系的生长与发育，具体表现为：紧实土壤限制根系扩展，削弱土壤通气性及水分渗透性，进而对作物整体生长构成负面影响。精确测定土壤紧实度，能有效评估土壤物理状态，为制定适宜的耕作与灌溉策略提供指导，以优化作物生长条件。此外，土壤紧实度对土壤水分保持及养分循环具有关键作用，对提升农业生产效率及可持续性具有重要意义。

二、实验原理

土壤紧实度仪采用非破坏性的压实测量方法来测量土壤的电阻值，进而测定土壤紧实度。在施加压力时，土壤颗粒会重新排列，形成新的孔隙结构。孔隙中的水和离子会因此发生移动，使得电流减弱，电阻值增加。因此，通过测量电阻值可以评估土壤的紧实度。

三、实验仪器

本方法所采用的仪器为澳大利亚 Agridry CP40 II 土壤紧实度仪（图 5-5），其基本组成包括紧实度仪主机、测量杆、支撑架、GPS 接收机和充电器。

四、操作步骤

1. 检查仪器

图 5-5　Agridry CP40 II 土壤紧实度仪

确保土壤紧实度仪及其所有组件都处于良好状态，没有损坏或缺失的部件。

2. 电量确认

检查仪器的电池电量，确保有足够的电量以支持整个测量过程。若电量不足，应及时更换电池或进行充电。

3. 开机与校准

启动仪器后，确保 CP40 II 土壤紧实度仪已经放置在平稳、无振动的工作台上。检查仪器是否已连接好所有必要的配件，如传感器、电池等。等待仪器完成自检并进入待机状态，此时可以开始进行设置或测量操作。在仪器进入待机状态后，根据仪器说明书或显示屏上的提示，进行零点校准。这通常涉及将传感器放置在已知紧实度为零（或接近零）的表面上，如特制的校准块或松软的沙土上。按下仪器上的相应按键（如"ZERO"或"CALIBRATE"键），仪器将自动进行零点校准。校准完成后，使用已知紧实度的标准样品（如标准土壤块）对仪器进行验证，以确保校准结果准确。如果发现测量结果与标准值有较大偏差，则需要重新进行校准。

4. 选定测点

在待测区域内选择具有代表性的测量点。确保测量点周围的土壤表面平整，没有大块石头或其他硬物的干扰，避免影响测量结果。

5. 测量

紧握仪器手柄，将金属探头缓慢而垂直地插入预先润湿的土壤中。插入深度根据研究或应用的要求确定。在探头插入土壤的过程中，确保探头始终保持垂直，以避免探头与周围的金属或其他硬物接触，这样可以确保测量的准确性和稳定性。

6. 数据读取

当显示屏上的数值稳定后，记录测量数据。可进行多次测量以取平均值提高数据的可靠性。

7. 关机及存放

完成所有测量工作后，首先应在计算机上退出相关软件，再关闭仪器电源开关，若与其他设备连接，关闭电源后应断开所有连接线。关机后，对仪器进行必要的清洁和维护，然后将其妥善存放在干燥、洁净的环境中，以延长仪器使用寿命。

五、注意事项

1. 在存放土壤紧实度仪之前，请确保金属探头已彻底清洁并完全干燥。这可以防止水分残留导致的腐蚀或损坏，保证仪器的长期稳定性和可靠性。

2. 在使用土壤紧实度仪时，应特别注意避免金属探头与其他金属物质接触。金属间的摩擦或碰撞可能损坏探头，同时也会影响测量结果的准确性。

3. 不能将仪器探头直接插入水溶液中进行测量，否则会损坏探头或影响仪器性能。

4. 当金属探头插入土壤中进行测量时，测量时间不要过长，以减少探头表面氧化或损伤的风险。完成测量后，请立即使用百洁布等柔软且不易掉毛的工具清除探头表面的土壤颗粒，保持其清洁和良好状态，以便下次使用。

5. 仪器必须存放在一个干燥、通风且远离腐蚀性气体的环境中。避免潮湿和多尘的环境，以防止仪器内部零件受潮生锈或积尘影响测量精度。尽量将仪器存放在稳定的平面上，避免倾斜或碰撞导致仪器损坏。

六、思考题

1. 如何提高土壤紧实度仪的测量精度，确保测量结果的准确性和可靠性？
2. 土壤紧实度仪使用过程中应注意哪些事项？

七、参考文献

本方法中仪器使用部分参考莱恩德智能科技有限公司提供的《土壤紧实度测定仪仪器使用说明及操作指南》.

第四节　耕层土壤团聚体占比的测定
——土壤团聚体分析仪

土壤团聚体作为有机碳形成与转化的关键载体，是土壤结构中不可或缺的一部分。它们具备多孔性和水稳性特征，直接决定土壤孔隙度以及持水孔隙的大小多少，以及土壤中的养分与水分含量，对作物的生长发育具有重要影响。因此，土壤团聚体的质量百分比被视为评价土壤肥力、结构以及整体质量的重要指标。

一、实验目的

学习掌握土壤中各粒级团聚体质量百分比的测定方法，及时判断耕层土壤的质地、水分供应和保持能力，为土壤改良和作物增产提供科学依据。

二、实验原理

湿筛法是一种常用的分离和筛选土壤团聚体的方法。通过使用不同尺寸的筛网和设定振动频率，模拟自然环境中土壤团聚体的聚合路径，统计分析留在各个筛子上的土壤颗粒，从而得到颗粒分布的具体数目，掌握土壤团聚体在不同粒径下的分布情况。

三、实验仪器

实验采用浙江舜龙 TTF－100 型土壤团聚体分析仪（图 5－6），主要部件有：①团聚体分析仪；②震荡架，上下移动距离为 4 cm，上下振荡速度为

30 次・min^{-1}；③不锈钢材质的水桶，高 31.5 cm，直径 18 cm，共 4 个；④直径为 10 cm，高 4 cm，由上至下孔径分别为 5.0 mm、2.0 mm、1.0 mm、0.5 mm、0.25 mm、0.053 mm 的筛子 6 个，共 4 套（图 5-7）。

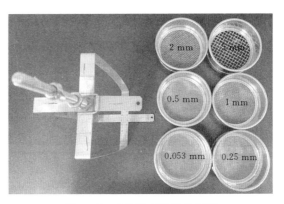

图5-6　TTF-100 型土壤
团聚体分析仪

图5-7　6 种配套孔径的筛子

四、操作步骤

分别取各处理的每个重复原状土样品 50 g，放置于土壤团聚体分析仪最上层套筛中（5 mm），在超纯水中浸润 10 min 后，以 20 次・min^{-1} 的频率上下振动 2 min。筛分结束后，用超纯水将留在各孔径筛上的各级团聚体全部冲洗转移至干净的铝盒中，静置过夜澄清后倒去上清液，并于烘箱中 40 ℃烘干至恒重，后回温至室温时称重，确定各级团聚体质量分数和土壤团聚体比例。计算公式如下：

$$wi = Wi/50 \times 100\% \qquad (5-2)$$
$$MAG = Wi/50 \times 100\%；(i > 0.25mm) \qquad (5-3)$$
$$MIG = Wi/50 \times 100\%；(0.053 \text{ mm} < i < 0.25 \text{ mm}) \qquad (5-4)$$

式中，wi 为第 i 级团聚体质量比例（%），MAG 为大团聚体（>0.25 mm）质量占比，MIG 为微团聚体（0.053 mm~0.25 mm）质量占比，Wi 为某一粒径的团聚体干重（g）。

五、注意事项

1. 入水 10 min 后，才可打开筛分器进行筛分。

2. 将筛网和筛子从水中拿出时，应将人为抖动降至最低。

3. 土壤放入筛子前，应人工手动掰成 1 cm^3 左右的土块，切勿使用剪刀等物品。

六、思考题

1. TTF－100 型土壤团聚体分析仪的工作原理是什么？
2. 进行团聚体分析的意义有哪些？

七、参考文献

Wang XJ，Jia ZK，Liang LY，et al. 2015. Maize straw effects on soil aggregation and other properties in arid land［J］. Soil and Tillage Research，153：131 - 136.

本文法中仪器使用部分参考浙江舜龙实验仪器厂提供《TTF－100 型土壤团聚体分析仪使用说明及操作指南》.

第五节　耕层土壤 pH 的快速测定
——pH 计

一、实验目的

土壤酸碱度是土壤的重要性质之一，是土壤形成、熟化、肥力变化及化学环境变化的关键指标。掌握电位法测定土壤 pH 的操作及原理，对于了解土壤健康状况、指导农业生产及提高土地可持续利用效率具有重要意义。

二、实验原理

土壤 pH 计运作的核心是电位计法，即利用电势差异来反映土壤的酸碱性质。在实际操作中，土壤 pH 计利用内置的电极系统来捕捉土壤溶液的电势变化。这个电极系统通常由两部分组成：一个是玻璃电极，另一个是参比电极。玻璃电极的内部构造独特，它包含了一层特殊的"玻璃膜"和电解质液体。当这个电极被插入到土壤中，与土壤溶液接触时，玻璃膜会根据溶液的酸碱度产生相应的电势信号。与此同时，参比电极起到了一个稳定基准的作用。它确保了在测量过程中，无论土壤溶液的酸碱度如何变化，都能提供一个固定的电势参考点。通过比较玻璃电极产生的电势信号与参比电极的电势，就能准确地计算出土壤的 pH。这对于土壤管理和作物种植来说至关重要，它们能够帮助了解土壤的酸碱状况，从而制定出更加科学合理的施肥和灌溉计划，提高农作物的产量和品质。

三、实验仪器

本方法所采用的仪器为美国 Mettler Toledo S210 pH 计（图 5-8）。主要配件包括 pH 酸度计、pH 玻璃电极、参比电极。

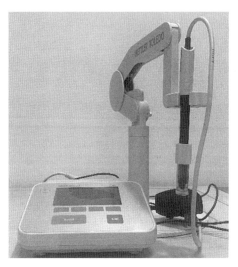

图 5-8 Mettler Toledo S210 pH 计

四、操作步骤

（一）仪器校准

1. 使用标准缓冲溶液

选择两种已知 pH 的标准缓冲溶液：一是 pH＝4 的邻苯二甲酸氢钾标准缓冲液 [称取在（115±5）℃干燥 2 h～3 h 的邻苯二甲酸氢钾（$KHC_8H_4O_4$）10.12 g，加水使之溶解并稀释至 1 000 mL]；二是 pH＝7 的磷酸盐标准缓冲液 [称取在（115±5）℃干燥 2 h～3 h 的无水磷酸二氢钠（NaH_2PO_4）4.303 g 与磷酸二氢钾（KH_2PO_4）1.179 g，加水使之溶解并稀释至 1 000 mL]。

2. 校准步骤

将电极浸入 pH＝4.00 的缓冲溶液中。开启电源，进行零点和温度补偿调节，以调整电极的不对称电位。确认在 pH＝4.00 缓冲溶液中校准无误后，继续使用 pH＝7.00 的缓冲溶液进行校准。

3. 误差控制

确保整个校准过程中误差控制在 0.02 范围内，即理想情况下 pH 应在 7±0.02 之间。若校准结果出现较大偏差，需更换电极或进行故障排查。

（二）正式测定

1. 准备土样

称取已风干处理并经过 100 目筛孔的土样 5 g。将其置于一个 50 mL 的烧杯中。

2. 制备悬浊液

向烧杯中加入 25 mL 的超纯水。在振荡机中以 200 r·min⁻¹ 的速度振荡 30 min。

3. 静置和测量

悬浊液静置 30 min，使土壤颗粒沉淀。将玻璃电极的底部完全浸入上部悬清液中，开始记录 pH。

五、注意事项

1. 测定前，必须先进行仪器校准。

2. 未进行实验时，电极必须浸泡于饱和 KCl 溶液中，以防止电极干燥，确保其灵敏度和稳定性。

3. 1∶1 的水土比例对碱性土壤和酸性土壤均能得到较好的结果，特别是碱性土壤。

六、思考题

1. pH 计的工作原理是什么？

2. 为保证测定结果的准确性和可比性，尝试以不同水土比例对同一块土壤进行测定是否可行？

七、参考文献

刘亚龙，王萍，汪景宽 . 2023. 土壤团聚体的形成和稳定机制：研究进展与展望 [J]. 土壤学报，60（3）：627 - 643.

Dai W，Feng G，Huang Y，Adeli A，et al. 2024. Influence of cover crops on soil aggregate stability，size distribution and related factors in a no - till field [J]. Soil and Tillage Research，244，106197.

Liu YL，Wang P，Wang JK. 2023. Formation and stability mechanism of soil aggregates：Progress and prospect [J]. Acta Pedologica Sinica，60（3）：627 - 643.

Roques S，Kendall S，Smith K，et al. 2013. A review of the non - NPKS nutrient requirements of UK cereals and oilseed rape [M]. HGCA Research Review，78.

本方法中仪器使用部分参考美国 METTLER 公司提供的《TOLEDO S210 pH 计参考手册》，样品处理和测定部分参考中华人民共和国国家环境保护标准 HJ 962–2018.

第六节　土壤微生物的鉴定
—— 自 动 微 生 物 鉴 定 系 统

一、实验目的

了解微生物鉴定对于作物栽培生态研究的重要性，掌握根据微生物对微孔板上的特定碳源呼吸代谢的差异，进行革兰氏阴性及阳性细菌鉴定的技术和方法。

二、实验原理

Gen Ⅲ MicroStation 自动微生物鉴定系统利用微生物对微孔板上的特定碳源呼吸代谢的差异，产生独特的"表型指纹"，所显示出的"表型指纹"被用来在种的水平上鉴定该微生物。该系统针对每一类微生物筛选不同碳源或其他化学物质，固定于 96 微孔板上，配合四唑类显色物质（如 TTC），接种菌悬液后培养一定时间，通过检测不同微生物利用不同碳源进行代谢产生的氧化还原物质与显色底物发生反应而导致的颜色变化（吸光度）以及由于微生物细胞生长导致的浊度差异（浊度），生成特征指纹图谱，与标准菌株图谱数据库进行比对，从而得出鉴定结果。

Biolog Gen Ⅲ 微孔板为 96 孔板，使用固定在 Biolog Gen Ⅲ 微孔板上的 94 个不同的生化试验进行 94 种表型测试，包含 71 种碳源利用测试（表 5–1，1～9 列）以及 23 种化学敏感性测试（表 5–1，10～12 列），对革兰氏阳性和阴性细菌进行表型鉴定，其中 A1 为阴性对照孔，A10 为阳性对照孔。Gen Ⅲ 微孔板的 96 个孔中为预先填充、干化的营养物质及生化试剂。四唑类氧化还原染料通过色度的变化来指示微生物对碳源的利用程度及对化学物质的敏感程度。所有的孔在刚开始的时候都是无色的，当孵育一段时间之后，那些能被细胞利用碳源的孔中的呼吸作用增强，增强的呼吸作用导致四唑氧化还原染料被还原，变成紫色。阴性孔则保持无色，就像没有碳源的阴性对照孔（A1）一样。阳性对照孔（A10）作为 10～12 列化学敏感性测试的参考。孵育后，通过显紫色孔所产生的表型指纹同 Biolog 数据库中的数据进行比较。如果找到匹配的，所分离出来的微生物即可在种的水平上得到鉴定。Gen Ⅲ 微孔板仅限用于鉴定 Biolog 数据库已有的纯培养的革兰氏阴性及阳性细菌。

表 5 - 1　Biolog Gen Ⅲ 微孔板测试布局

A1 Negative control 阴性对照	A2 Dextrin 糊精	A3 D-Maltose D-麦芽糖	A4 D-Trehalose D-海藻糖	A5 D-Cellobiose D-纤维二糖	A6 Gentiobiose 龙胆二糖	A7 Sucrose 蔗糖	A8 D-Turanose D-松二糖	A9 Stachyose 水苏糖	A10 Positive control 阳性对照	A11 pH 6	A12 pH 5
B1 D-Raffinose 蜜三糖，棉子糖	B2 α-D-Lactose α-D-乳糖	B3 D-Melibiose 蜜二糖	B4 β-Methyl-D-Glucoside β-甲酰-D-葡糖苷	B5 Salicin D-水杨苷	B6 N-Acetyl-D-Glucosamine N-乙酰-D-葡糖胺	B7 N-Acetyl-β-D-Mannosamine N-乙酰-β-D-甘露糖胺	B8 N-Acetyl-D-Gal actosamine N-乙酰-D-半乳糖胺	B9 N-Acetyl Neuraminic acid N-乙酰神经氨酸	B10 1% NaCl	B11 4% NaCl	B12 8% NaCl
C1 α-D-Glucose α-D-葡萄糖	C2 D-Mannose D-甘露糖	C3 D-Fructose D-果糖	C4 D-Galactose D-半乳糖	C5 3-Methyl glucose 3-甲酰葡糖	C6 D-Fucose D-岩藻糖	C7 L-Fucose L-岩藻糖	C8 L-Rhamnose L-鼠李糖	C9 Inosine 肌苷	C10 1% Sodium lactate 1%乳酸钠	C11 Fusidic acid 梭链孢酸	C12 D-Serine D-丝氨酸
D1 D-Sorbitol D-山梨醇	D2 D-Mannitol D-甘露醇	D3 D-Arabitol D-阿拉伯醇	D4 Myo-inositol 肌醇	D5 Glycerol 甘油	D6 D-Glucose-6-PO4 D-葡萄糖-6-磷酸	D7 D-Fructose-6-PO4 D-果糖-6-磷酸	D8 D-Aspartic acid D-天冬氨酸	D9 D-Serine D-丝氨酸	D10 Troleandomycin 醋竹桃霉素	D11 Rifamycin SV 利福霉素 SV	D12 Minocycline 二甲胺四环素

E1	E2	E3	E4	E5	E6	E7	E8	E9	E10	E11	E12
Gelatin 明胶	Glycyl-L-Proline 氨基乙酰-L-脯氨酸	L-Alanine L-丙氨酸	L-Arginine L-精氨酸	L-Aspartic acid L-天冬氨酸	L-Glutamic acid L-谷氨酸	L-Histidine L-组胺	L-Pyroglutamic acid L-焦谷氨酸	L-Serine L-丝氨酸	Lincomycin 林肯霉素, 洁霉素	Guanidine HCl 盐酸胍	Niaproof 4 硫酸四癸钠

F1	F2	F3	F4	F5	F6	F7	F8	F9	F10	F11	F12
Pectin 果胶	D-Galacturonic acid D-半乳糖醛酸	L-Galactonic acid lactone L-半乳糖醛酸内酯	D-Gluconic acid D-葡糖酸	D-Glucuronic acid D-葡糖醛酸	Glucuronamide 葡糖醛酰胺	Mucic acid 黏酸；黏液酸	Quinic acid 奎宁酸	D-Saccharic acid 糖质酸	Vancomycin 万古霉素	Tetrazolium violet 四唑紫	Tetrazolium blue 四唑蓝

G1	G2	G3	G4	G5	G6	G7	G8	G9	G10	G11	G12
p-Hydroxy-Phenylacetic acid p-羟基-苯乙酸	Methyl pyruvate 丙酮酸甲酯	D-Lactic acid methyl ester D-乳酸甲酯	L-Lactic acid L-乳酸	Citric acid 柠檬酸	α-Keto-Glutaric acid α-酮-戊二酸	D-Malic acid D-苹果酸	L-Malic acid L-苹果酸	Bromo-Succinic acid 溴-丁二酸	Nalidixic acid 萘啶酮酸	Lithium chloride 氯化锂	Potassium tellurite 亚碲酸钾

H1	H2	H3	H4	H5	H6	H7	H8	H9	H10	H11	H12
Tween 40 吐温40	γ-Amino-Butyric acid γ-氨基-丁酸	α-Hydroxy-Butyric acid α-羟基-丁酸	β-Hydroxy-D, L-Butyric acid β-羟基-D, L-丁酸	α-Keto-Butyric acid α-酮基-丁酸	Acetoacetic acid 乙酰乙酸	Propionic acid 丙酸	Acetic acid 乙酸	Formic acid 甲酸	Aztreonam 氨曲南	Sodium butyrate 丁酸钠	Sodium bromate 溴酸钠

三、仪器及附件

读数器（主机）、电脑、浊度计、八道移液器（图 5-9）。

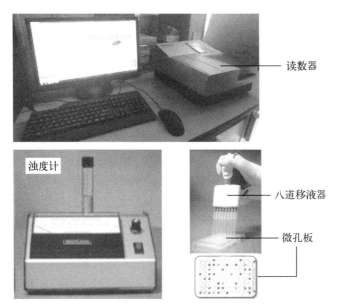

图 5-9　Gen Ⅲ MicroStation 自动微生物鉴定系统仪器及主要配件

四、操作步骤

鉴定初始，首先按常规微生物操作方法分离出纯种，再按以下步骤进行鉴定（注意接种液及微孔板使用前需要预热至室温）。

（一）在 Biolog 推荐的培养基上培养微生物

用 Biolog 专用培养基或客户自己的培养基将纯种扩大培养 1 代～2 代。

将获得的纯培养菌种接种至 Biolog 推荐的培养基（BUG＋B 或巧克力琼脂）上，33 ℃培养。一些菌种可能需要特殊培养条件，例如更高或更低的温度（26 ℃～37 ℃）以及更高的 CO_2 浓度（6.5％～10％）。使用其他替代培养基应该先进行验证。

由于许多菌株在稳定期后会失去活力和代谢能力，因此必须是新生长的。对于大多数菌株，培养时间为 4 h～24 h。产芽孢的革兰氏阳性菌（杆菌及其有亲缘关系种类）培养最好不超过 16 h，以防产生芽孢。如果生长不好不足以获得接种板子的菌量，则在一块或多块平皿上进行致密的划线接种（形成菌苔），培养 4 h～48 h，以便获得足够接种的菌量。

（二）准备接种物

按要求配制一定浊度（细胞浓度）的菌悬液。

1. 定期检查、校准浊度仪

使用标准比浊管（85％ T 或 65％ T）验证浊度仪已经校准且运行正常。

2. 浊度仪空白调整

使用未接种的含有接种液的干净接种管（擦去管壁污垢及指纹）调整浊度仪空白。鉴于每只管子在光学性能上不尽相同，因此应该对每只管子来调空白，将浊度仪透光度指针调至100％。

3. 准备预期浊度的接种物

对于规程 A、B、C1，目标细胞浓度应为 90％ T～98％ T。而对于那些对氧气敏感而需要采用规程 C2 的菌株，则需要更高的细胞浓度（62％ T～68％ T）。

图 5 - 10 中 a、b、c 分别展示了快速、中速及缓慢生长的细菌的图片，圆圈为棉签顶端蘸取菌落的位置。对于快速生长的细菌，蘸取一个单菌落即可；对于中等速度生长的细菌，则蘸取一小簇菌落；而对于缓慢生长的细菌，则蘸取第一个菌落交汇生长的区域。使用 Inoculatorz 棉签从琼脂平板中有细胞生长的地方蘸取直径 3 mm 的菌落。抓住棉签的末端，使棉签顶端垂直与菌落接触（图 5 - 10d）。将棉签的末端深入装有接种液的接种管的底端，并来回上下晃动，以便将细菌释放到接种液中（图 5 - 10e）。

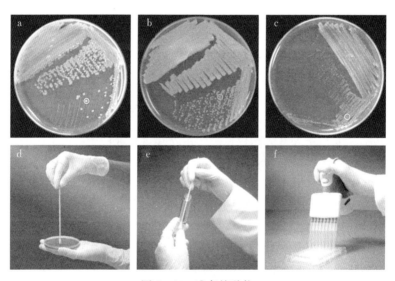

图 5 - 10　准备接种物

使用棉签将接种管中的菌块在管壁上打散或者将其挑出，并将含有细菌的接种液搅拌均匀，以便得到均一的细胞悬液，并用浊度仪检测。如果细胞浓度太低，则蘸取更多的细胞；如果浓度过高，则再加入一些接种液。

对于极易结块、不容易打散的细菌，则采用以下步骤：

首先准备 2 mL 高浓度的细菌悬液。使用 Streakerz 木质接种针刮取一簇成块的菌落，注意不要将琼脂培养基刮下。如果细菌太干，牢牢嵌入琼脂中，则用无菌的显微镜载玻片的边缘轻轻刮取细胞到载玻片上，同样也不能刮下琼脂。使用 Streakerz 木质接种针将细胞从载玻片上刮下，然后将 Streakerz 木质接种针上的菌块涂抹在干燥的接种管内壁，并使用 Streakerz 木质接种针在接种管的内壁上将菌块摩擦、分散开来。然后加入 2 mL 接种液，逐步将管壁上分散开来的细菌释放到接种液中。由此制成的菌悬液是由悬浮细胞及残余的菌块所组成的混合物。将接种管放置在管架上静置 5 min，以便让残余菌块沉淀到管底。

再使用小移液管将上层悬浮细胞转入新一管接种液中，并调整到合适的细胞浓度。

（三）接种微孔板

将菌悬液倒入 V 型加样水槽中，使用 8 道移液器将菌悬液吸入移液器吸头中，按每孔 100 μL 的量将菌悬液按顺序加入微孔板的所有孔中（图 5 - 10f），盖好微孔板的盖子，弹出枪头。

（四）孵育微孔板

将微孔板放入培养箱中培养 3 h～36 h，培养温度 33 ℃（或者更适合微生物生长的其他温度）。

（五）读板

将培养后的鉴定板放入读数仪中读数，软件自动给出鉴定结果。

Gen III 微孔板 1～9 列中的碳源利用测试是以 A - 1 阴性对照孔作为参考对其他孔进行比色。所有视觉上看起来与 A - 1 孔类似的孔被定为"阴性"（一），所有明显看起来呈现紫色（深于 A - 1）的孔被定为"阳性"（＋）。如果孔中所显的颜色非常浅，或者有紫色的小色斑，再或者有菌块或其他块状物，则最好将其判定为"边界值"（\）。大多数菌种能形成很容易判定的清晰且较深紫色的"阳性"反应。尽管如此，对于某些特殊的菌种，一些本应显"阳性"的反应却会显较浅的紫色甚至不显色。而 10～12 列中的化学敏感性测试则是以 A - 10 阳性对照孔作为参照对其他孔进行比色的。所有颜色不到 A - 10 孔一半的，容易受该化学物质抑制的孔被定为"阴性"（一）。而所有显紫色或接近紫色（与 A - 10 孔类似）的孔被定为"阳性"（＋）。如果不能准确判断，最好将其判定为"边界值"（\）。

"假阳性"是指阴性对照孔 A - 1 或者其他本应该是"阴性"的孔却显紫色。这种情况只会出现在少数菌种上，例如气单胞菌 *Aeromonas*，弧菌 *Vibrio*，及

杆菌 *Bacillus* 中的一些菌株。如果出现这样的情况，最好用规程 B 及接种液 B 重新试验（表 5-2，接种液及细胞浓度）。

选择试验规程时，先尝试规程 A，如果是由于 A-1 孔假阳性导致鉴定失败，则尝试规程 B。如果是由于阳性的碳源代谢反应太少而造成的鉴定失败，则尝试规程 C1，如还不理想，则继续尝试规程 C2。所有规程操作方法基本相同，根据情况选择恰当的接种液及细胞接种浓度即可。

规程 A 适用于绝大部分的菌株。

规程 B 适用于少数强还原性的菌株和产芽孢的菌株（主要是气单胞菌 *Aeromonas*，弧菌 *Vibrio*，革兰氏阳性芽孢杆菌中的一些菌株）。

规程 C1 适用于缓慢生长的菌株，通常是在 BUG+B 生长 24 h 形成的菌落非常小（直径小于 1 mm）的细菌。主要是微好 O_2、嗜 CO_2 的革兰氏阳性球菌及微小杆菌（表 5-2）。

规程 C2 适用于苛刻生长、嗜 CO_2、对氧气很敏感的细菌，在 BUG+B 上生长非常缓慢甚至不生长。例如，一些从呼吸道样品中分离的需要在 6.5% CO_2 下巧克力培养基上培养的革兰氏阴性苛生菌。一些对氧气很敏感的革兰氏阳性细菌，同样需要用接种液 C2 配制比较高接种浓度的接种液（表 5-2）。

表 5-2　试验规程

规程	接种液	细胞浓度	适用菌
A	A	90% T~98% T	几乎所有——默认规程
B	B	90%~98% T	强还原性和产芽孢的 GN（e.g., *some Aeromonas* 气单胞菌属, *Vibrio* 弧菌）和 GP（e.g., *some Bacillus* 杆菌, *Aneurinibacillus* 解硫胺素芽孢杆菌属, *Brevibacillus* 短芽孢杆菌属, *Lysinibacillus* 赖氨酸芽孢杆菌属, *Paenibacillus* 类芽孢杆菌属, *Virgibacillus* 枝芽孢杆菌属）
C1	C	90% T~98% T	微好 O_2，嗜 CO_2R GP（e.g., *Dolosicoccus* 狡诈球菌属, *Dolosigranulum* 狡诈菌属, *Eremococcus* 另位球菌属, *Gemella* 孪生球菌属, *Globicatella* 球链菌属, *Helcococcus* 创伤球菌属, *Ignavigranum* 不活动粒菌属, *Lactobacillus* 乳杆菌属, *Lactococcus* 乳球菌属, *Leuconostoc* 明串珠菌属, *Pediococcus* 片球菌属, *Streptococcus* 链球菌属, *Weissella* 魏斯氏菌属, *Aerococcus* 气球菌属, *Arcanobacterium* 隐秘杆菌属, *Corynebacterium* 棒杆菌属和 *Enterococcus* 肠球菌属）
C2	C	62% T~68% T	苛刻生长的、嗜 CO2 的、对 O_2 很敏感的 GN（e.g., *Actinobacillus* 放线杆菌属, *Aggregatibacter*, *Alysiella* 小链菌属, *Avibacterium* 禽杆菌属, *Bergeriella*, *Bordetella* 鲍特氏菌属, *Capnocytophaga* 二氧化碳嗜纤维菌属, *Cardiobacterium* 心杆菌属,

（续）

规程	接种液	细胞浓度	适用菌
C2	C	62% T～68% T	*CDC Group DF - 3*，*CDC Group EF - 4*，*Conchiformibius*，*Dysgonomonas*，*Eikenella* 艾肯氏菌属，*Francisella* 弗朗西斯氏菌属，*Gallibacterium* 鸡杆菌属，*Gardnerella* 加德纳氏菌属，*Haemophilus* 嗜血菌属，*Histophilus* 嗜组织菌属，*Kingella* 金氏菌属，*Methylobacterium* 甲基杆菌属，*Moraxella* 莫拉氏菌属，*Neisseria* 奈瑟氏球菌属，*Oligella* 寡源杆菌属，*Ornithobacterium* 鸟杆菌属，*Pasteurella* 巴斯德氏菌属，*Simonsiella* 西蒙斯氏菌属，*Suttonella* 萨顿氏菌属，*Taylorella* 泰勒氏菌属）和 GP（*Actinomyces* 放线菌属，*Aerococcus* 气球菌属，*Alloiococcus* 差异球菌属，*Arcanobacterium* 隐秘杆菌属，*Carnobacterium* 肉杆菌属，*Corynebacterium* 棒杆菌属，*Erysipelothrix* 丹毒丝菌属，*Granulicatella* 颗粒链菌属，*Lactobacillus* 乳杆菌属，*Pediococcus* 片球菌属，*Tetragenococcus* 四联球菌属）

五、注意事项

1. 获取纯的培养物是鉴定的前提，混合菌无法鉴定。鉴定前应按常规微生物操作方法分离出纯种。用画线的方法分离菌落也许远远不够，这是由于单菌落可能是单个细胞长成的，也很有可能是一簇细胞长成的。同时，细菌具有黏性的表面，因此它们很容易和另外的细菌紧紧地黏在一起。这种情况在黏液样细菌、环境中新分离出来的菌株以及葡萄球菌 *Staphylococci* 中尤其常见。

鉴定前，应首先使用解剖镜或菌落放大镜对培养基上的菌落进行仔细的检查，在形态学上确认该培养皿上只有一种微生物菌落。将这些细胞重新划线接种至多重显色培养基，然后将原来的培养皿及显色培养皿在室温中同时放置3 d～4 d。仔细检查两种培养皿，在菌落的交汇生长处寻找是否有"隆起"或生长不均匀的生长物。在显色培养皿上，检查是否有多于一种颜色的菌落。如有必要，则重新分离纯化所需类型的菌落，并再次进行鉴定分析。

2. 不同培养基及反复传代有可能会影响结果。同一菌株可能会由于在接种前在不同的培养基上生长而在鉴定时产生不同的表型。

3. 必须按照操作步骤严格遵循消毒措施，进行无菌操作，以免污染影响结果。应尽量使用一次性玻璃器皿来处理所有细胞悬液和其他溶液。已经清洗过的玻璃器皿可能含有微量的皂剂或洗涤剂，会影响到结果。

4. 在使用前将微孔板及接种液预热到室温。一些菌种（例如：*Neisseria sp.* 奈瑟氏菌属）对冷冲击非常敏感。

5. 仔细校正浊度仪，准备正确浓度的接种液，Biolog 的化学物质包含一些对温度和光敏感的成分。

6. 接种液放于冰箱，避光冷藏。

7. 微孔板的孔若变成褐色或黄色，表示化学物已经变质。

8. 为了从这些微孔板上获得最佳测试效果，应时刻注意保持细菌活性。细菌是活细胞，具有活细胞的代谢特性。一些菌种即使在几分钟内受到应激作用（如温度、pH 及渗透压变化）时也会失去代谢活力，必须谨慎操作。

六、思考题

1. 利用 Gen Ⅲ MicroStation 自动微生物鉴定系统进行微生物鉴定的原理是什么？

2. 如何分离微生物纯种？

七、参考文献

曹旭，王向向，商亮，等.2024.黑龙江省农业微生物发展困境及振兴对策 [J]. 黑龙江农业科学（2）：95 - 99.

袁红莉，杨金水.2021. 农业微生物学及实验教程 [M]. 北京：中国农业大学出版社.

本方法中操作步骤部分参考美国 Biolog 公司提供的《Biolog Gen Ⅲ MicroPlate 使用说明书》。

第六章　作物生理指标田间速测技术

第一节　作物叶片叶绿素相对含量的测定

——叶绿素测定仪

叶绿素是作物吸收、传递、转换光能，进行光合作用的关键色素，对调节作物的光合生理及产量发挥着重要作用。叶绿素含量高低反映出作物的生理状态、生长状况及逆境响应能力。叶绿素含量测定不仅有助于作物的健康管理，同时有助于促进农业的可持续发展及资源的高效利用。便携式叶绿素测定仪可以实现叶绿素的快速测定，对作物的营养状况、生长状态和环境适应性进行非破坏性的快速评估，为精准农业实践和栽培生态科学研究提供了技术支撑。

一、实验目的

学习叶绿素仪的原理，掌握使用叶绿素仪快速测量作物叶绿素含量的方法。

二、实验原理

叶绿素在蓝色区域（400 nm～500 nm）和红色区域（600 nm～700 nm）范围内有明显的吸收峰（图 6-1），但在近红外区域（500 nm～600 nm）吸收较少。根据叶绿素分子在特定波长光谱区域的吸收率的差异，确定叶绿素相对含量。

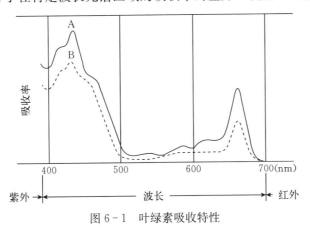

图 6-1　叶绿素吸收特性

三、仪器及操作步骤

本测试可采用 SPAD - 502 叶绿素测定仪（图 6 - 2）或 CCM - 200 叶绿素测定仪（图 6 - 3）。

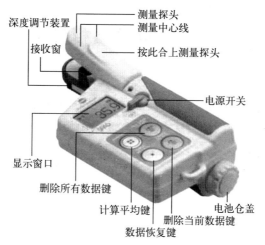

图 6 - 2　SPAD - 502 叶绿素测定仪

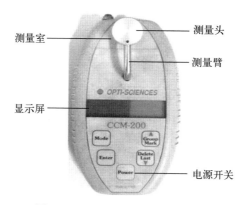

图 6 - 3　CCM - 200 叶绿素测定仪

（一）SPAD - 502 叶绿素测定仪

该仪器测得的 SPAD 指数，是一种 KONICA MINOLTA 叶绿素计专用的显示指数。对一特定作物品种来说，SAPD 指数越高，代表此作物越健康。SPAD 是"土壤作物分析仪器开发"（Soil and plant analyzer development）的英文缩写，该仪器通过不同叶绿素含量的叶片对两种不同波长光的吸收差异来确定叶绿素的含量，其测量结果是一个反映植物叶片中叶绿素含量的相对值，测量面积为 6 mm^2。

1. 仪器工作原理

SPAD-502 叶绿素测定仪有 2 个 LED 光源，发射出 2 种光，一种是红光（波长 650 nm），另一种是红外线（波长 940 nm），两种光穿透叶片，在红色区域和近红外区域产生吸收后打到接收器上，光信号转换成模拟信号，模拟信号被放大器放大，由模拟/数字转换器转换成数字信号，数字信号被微处理器利用，计算这两部分区域的吸收率，得出 SPAD 值，用数字来表示叶片中叶绿素含量相对值。

2. 仪器操作步骤

（1）打开电池仓盖安装电池。

（2）调节深度调节装置。根据叶片大小调节装置，将接收窗调节至可以对准叶片中部。

（3）打开电源。向上旋转电源开关至"ON"。

（4）调零校准。在取样夹没有样品时，用手指按闭样品夹，直到发出"滴"的声音和显示屏显示"——"，放开样品夹，调零完成。

（5）数据测定。校准后再次按下测量探头，2 s 左右，仪器发出"滴"的声音，数据测定成功。多次测定按下"计算平均键"求取平均值，若出现过低或过高数值可以按"删除当前数据键"删除。测量下一叶片前按下"删除所有数据键"，重复测定操作。

（6）若屏幕出现"E-U"，说明接收窗有异物，需清理后重新测定。

（7）使用完毕后关掉电源。向下旋转电源开关至"OFF"。取出电池。

3. 注意事项

SPAD-502 为防水设计，可在雨中进行测量。操作完成后，用柔软、干净的布擦干，但不要直接用水清洗。

（二）CCM-200 叶绿素测定仪

该仪器顶部是测量头，中部是液晶显示器，内置两个 LED 光源（653 nm，931 nm），测量面积为 0.71 cm^2 的圆形区域。

1. 仪器工作原理

CCM-200 叶绿素测定仪的测量是利用叶绿素对红光和蓝光具有很强的吸收但对于绿光和红外光部分不吸收特性来确定叶绿素相对含量。在测定过程中，用两个波长确定吸光率，一个波长落在叶绿素吸收的范围内，而另一波长用于机制补偿，CCM-200 叶绿素测定仪测量出两个波长的吸光率并计算出 CCI（叶绿素含量指数）。CCI 值是一个相对的叶绿素含量值，与样品中叶绿素总量呈正相关关系。

2. 操作步骤

（1）打开电池仓盖安装电池。

（2）开机。按 Power 键，按 Enter 键，确认测量模式。

（3）零校准。按 Enter 键后，探测系统要求对其测试路径进行校验，先确定测量头内无任何杂物，关闭测量头，显示"Busy"，按住测量头直到听到"哔哔"声音，迅速松开测量臂，仪器显示校准状态"Calibration done"，成功校准后，仪器将显示"Ready to measure，Free=4 090"，表示进入准备测量状态。

（4）测量。把样品放入测量室，按下测量头直到听到"哔哔"声，显示测量结果，同时显示可用的储存空间大小，测量结果自动保存在储存器里，允许用户不间断、快速成功地进行测量。

（5）删除最后一个纪录。按"Delete last"将删除最后一个测量纪录。

（6）数据查看及传输。点击 Mode 键，找到数据查看模式，该模式下，用户可通过数据绿色的上下键（分别位于右边的 Group mark 和 Delete last 键上）查看所有测量，还可通过 RS 232 端口将存储的样品测量数据传输到电脑上。

（7）储存器复位。连续按下 Mode 键直到仪器显示"Mode select，Mem reset"，按 Enter 键后，仪器显示"Clear all data? Enter to confirm"，再次按下 Enter 键，所有测量数据将被删除，如果你不想删除所有的数据，按 Mode 键即可。

3. 注意事项

（1）仪器具有 4 min 自动关机特性，当在 4 min 之内没有任何操作时，仪器将自动关闭。

（2）测量过程中，不需要对仪器进行校准，测量结果显示后即可进行下一测量。但是打开电源（包括仪器自动关机后）后必须对仪器进行校准。

四、思考题

SPAD‑502 叶绿素计和 CCM‑200 叶绿素测定仪两款便携式叶绿素测定仪有何异同？

五、参考文献

王亚飞.2009.SPAD 值用于小麦氮肥追施诊断的研究［D］.扬州：扬州大学.

本方法中 SPAD‑502 部分参考柯尼卡美能达（中国）投资有限公司提供的《叶绿素计 SPAD‑502 Plus 使用说明》.

本方法中 CCM‑200 部分参考美国奥普梯公司提供的《CCM‑200 叶绿素

测定仪操作说明书》.

第二节　作物类黄酮、花青素、叶绿素、NBI 指数等的测定

——荧光式植物生理/胁迫测量仪

植物多酚是广泛存在于植物体内的次生代谢产物，含有一个或多个芳香环结构，和多个羟基（—OH）官能团，主要功能包括抗氧化、抗紫外线、抵御病虫害等。多酚物质的积累与氮含量有关，氮素能通过影响相关基因的表达进而调控多酚物质的积累，当植物受到胁迫时，特别是因缺少氮含量而影响了植物生长发育时，多酚的含量会显著增加。类黄酮是植物多酚的一个重要子类，在植物中主要负责色素的形成，同时参与调节光合作用、抗病虫害等生理过程，类黄酮含量的合成或积累会受到生物或非生物胁迫的影响。花青素是类黄酮的一种，主要存在于植物的果实、花朵和叶片中，赋予这些部位鲜艳的红色、紫色或蓝色，花青素的抗氧化能力极强，能够清除自由基，花青素的水平反映了植物对紫外线辐射和氧化应激的保护能力。

叶绿素是植物进行光合作用的关键色素，叶绿素含量的变化可以直接反映植物的氮营养水平和光合作用能力。

氮平衡指数（NBI）是叶绿素和类黄酮的比值，可用于评估植物氮素营养状态，为施肥管理和作物健康监测提供指导。利用 NBI 来评估叶片氮素营养状况时，叶绿素和类黄酮稍有变化，即可检测出植物的氮肥状况，解决了传统方法中只用叶绿素含量下降（叶片变黄）判断氮肥缺失的延迟效应，有助于及时快速进行氮肥管理。

一、实验目的

了解测定花青素、类黄酮、叶绿素、NBI 指数等指标的重要性，掌握使用荧光式植物生理/胁迫测量仪快速无损检测这些参数的技术步骤。

二、实验原理

植物组织中含有多种荧光化合物（如叶绿素、类黄酮等多酚类化合物），受到特定波长的光激发时，这些荧光物质会吸收能量并重新以较低能量的光（荧光）形式释放出来，通过测量这些荧光信号，可以推断出植物中这些化合物的含量。植物叶片表皮中的多酚类物质对紫外光和蓝绿光有一定的吸收作用，当这两种激发光照射叶片时，由于叶片表皮的吸收作用，在表皮中激发出

特定波长的荧光；当使用红光激发光照射叶片时，表皮对红光吸收作用小，大部分红光到达叶肉组织，激发较多的叶绿素荧光。

Multiplex 3 荧光式植物生理/胁迫测量仪正是利用这一原理，采用 LED 光源激发植物组织中的荧光，然后使用光电探测器收集反射和荧光信号，从而非接触式无损、快速、准确地测量任何植物组织（叶片、针叶、作物、草坪、果实、蔬菜、谷物等）的类黄酮、花青素、叶绿素含量以及 NBI 数值等参数。

三、仪器及附件

Multiplex 3 荧光式植物生理/胁迫测量仪主机（图 6-4），附件主要包括 GPS 天线、锂电池、充电器、铝制操作板、标准蓝色滤光片。

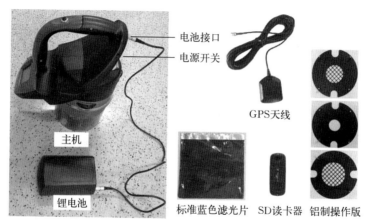

图 6-4　Multiplex 3 荧光式植物生理/胁迫测量仪主机及主要配件

四、操作步骤

（一）准备

1. 连接电池和主机。

2. 检查确认 SD 卡（FAT）已插入主机（主机检测无 SD 卡，将不能开机使用）。

3. 打开主机背后电源开关，LCD 屏幕从右上角依次显示为时间、电池电量、设置（cfg）、状态（stat）等，测量前可根据实验要求修改测量点分组属性、是否提前照射，以及 UV 激发光、红光激发光、绿光激发光、蓝光激发光的开关设置等。

（二）样品测量

按手柄上测量按钮即可进行测量。仪器可水平或垂直使用，光源及传感器至仪器底部距离为 10 cm，测量孔径同为 10 cm，测量时需将仪器传感器端靠近待测样品，以保证传感器和样品之间距离为 10 cm，同时要求样品尽量符合测量孔要求。在实验室使用时，可将样品放置在黑色操作板或托盘中，再进行测量。

（三）查看或导出数据

1. 将 SD 卡放入读卡器中，插入电脑 USB 接口，打开"我的电脑"查看 SD 读卡器是否准备就绪。

2. 打开 EXCEL，依次点击"文件""打开"，在文件类型中选择所有文件，打开 SD 卡中的数据文件。

3. EXCEL 弹出"文本导入向导"，原始数据类型选择"分隔符号"，下一步，分隔符号选择"空格"，完成数据导入。数据含义见表 6-1 至表 6-3。

表 6-1　使用蓝色检测器时的测量参数含义

参数	释放	激发
BGF_UV	蓝绿荧光	UV
RF_UV	红色荧光	UV
FRF_UV	远红外荧光	UV
BGF_G	蓝绿反射光	Green
RF_G	红色荧光	Green
FRF_F	远红外荧光	Green
RF_R	红色荧光	Red
FRF_R	远红外荧光	Red

表 6-2　使用黄色检测器时的测量参数含义

参数	含义	公式
SFR_G	简单荧光比率（Green Exc.）	FRF_G/RF_G
SFR_R	简单荧光比率（Red Exc.）	FRF_R/RF_R
BRR_FRF	蓝-红荧光比率（UV Exc.）	BGF_UV/FRF_UV
FER_RUV	荧光激发比率（Red & UV Exc.）	FRF_R/FRF_UV
FLAV	类黄酮	log（FER_RUV）
FER_RG	荧光激发比率（Red & Green Exc.）	FRF_R/FRF_G
ANTH	花青素	Log（FER_RG）
NBI_G	氮平衡指数（SFR_G/FER_RUV）	FRF_UV/RF_G
NBI_R	氮平衡指数（SFR_R/FER_RUV）	FRF_UV/RF_R

表 6 - 3 数据结果计算公式含义

参数	释放	激发
BGF _ UV	黄色荧光	UV
RF _ UV	红色荧光	UV
FRF _ UV	远红外荧光	UV
BGF _ B	黄色荧光	蓝光
RF _ B	红色荧光	蓝光
FRF _ B	远红外荧光	蓝光
BGF _ G	黄绿反射光	绿光
RF _ G	红色荧光	绿光
FRF _ G	远红外荧光	绿光
BGF _ R	黄红反射光	红光
RF _ R	红色荧光	红光
FRF _ R	远红外荧光	红光

（四）日常维护及故障解决

1. 电池

开机时，在屏幕上会显示电池电量，当电池电量低时，则需要充电。充电时间为 3 h。

2. 使用条件

（1）仪器不防水，请不要在降雨天气下使用。

（2）仪器内部构造精密，使用过程中不要剧烈震动，同时保证内部传感器清洁。

（3）为避免采集数据意外丢失，请及时备份 SD 卡数据。

3. 清洁

当仪器光源及传感器有灰尘时，可使用洗耳球吹去灰尘，也可使用蘸有一定比例酒精溶液的软布轻轻擦拭。

4. 故障解决

（1）不能开机。无 SD 卡或电池没电。

（2）测量误差大。检查光源及传感器是否清洁。

五、注意事项

1. 电池电量低时，则需要充电，充电时间为 3 h，在充电过程中，不能使用该仪器。

2. 不要在降雨天气下使用仪器。

3. 使用过程中不要剧烈震动，防止测量不准。

4. 保证光源及传感器清洁。

六、思考题

测定作物花青素、类黄酮、叶绿素、NBI 指数的意义是什么？

七、参考文献

宋森楠，宋晓宇，陈立平，等 .2013. 冬小麦氮平衡指数与籽粒蛋白质含量空间结构及关系 [J]. 农业工程学报，29（15）：91 - 97.

梁艳 .2021. 基于便携式传感器的小麦氮素营养诊断 [D]. 南京：南京农业大学 .

第三节　作物蛋白含量等多种品质
指标的快速无损测定
——近红外光谱分析仪

近红外光谱分析技术具有快速、无损、无污染、低成本且稳定性能好等特点，广泛应用于农业、医药、食品、石油化工和林业，国内外已有多项近红外谷物检测标准。多功能全光谱近红外成分分析仪广泛应用于小麦、玉米、花生、大豆等多种农作物的蛋白质、淀粉、脂肪等多种品质指标的定性定量分析，是作物栽培生态研究的必备工具。近红外光谱分析技术的应用对于推动现代农业可持续发展具有不可忽视的价值。

一、实验目的

学习近红外成分分析仪测定作物品质指标的原理，掌握多功能全光谱近红外成分分析仪的使用操作方法及实验过程中的注意事项。

二、实验原理

当一束红外光照射样品时，样品中的分子在某些条件下会吸收特定频率的光，从而引起分子内部振动状态的变化，产生吸收光谱。近红外吸收光谱主要对应于分子的倍频和合频振动，波长范围为 780 nm～2 526 nm 的电磁辐射波，X - H 基团的倍频和合频吸收谱带在近红外光谱区中占主导地位。作物品质近红外光谱分析方法利用了有机物中含有的 C - H、N - H、O - H、S - H 等化学键的泛频振动或转动，产生强弱不同的信号，以透射或漫反射的方式得到待测样品在近红外区的吸收光谱，通过建立样品特征光谱数据与待测成分含量之间的线性或非线性模型，实现利用近红外光谱技术快速准确预测有机物成分或含量的目的。

三、仪器与配件

DA 7250 近红外分析仪主机（图 6 - 5）、Ø75 mm 磁力小样品杯、Ø140 mm 磁力大样品杯、单粒测定磁力育种装置。

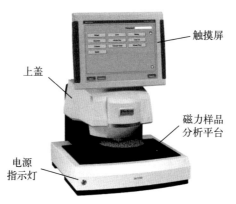

图 6 - 5　DA 7250 近红外分析仪主机

四、操作步骤

（一）分析样品

1. 打开电脑主机，首页显示如图 6 - 6，点击"分析"。

图 6 - 6　首页显示内容

2. 选择要分析的产品名称，点击，进入分析界面。

3.将样品倒入样品杯,要求样品自然落满并用尺子刮平(样品要求有代表性且充分混匀;在分析样品前,迅速填满样品杯,以防含水量变化)。

4.将准备好的样品杯放到磁力盘上的指定位置(样品盘的正确位置见图6-7)。

图6-7 样品盘的正确位置

5.点击"分析",并输入样品 ID 号。

6.在结果界面查看预测值或在详细信息中输入化学值作为收集样品。

7.点击分析,分析下一个样品,过程同上。

(二)输出报告

1.首页点击"报告",查看报告(图6-8)。

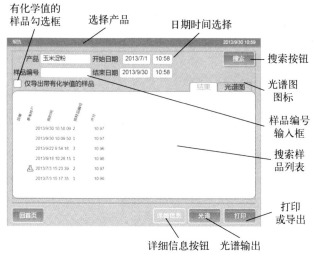

图6-8 报告显示界面

2.点击"产品"图标旁边的输入栏并选择所需产品,点击日期输入栏选择时间范围。

3.点击搜索按钮执行搜索,界面中会显示样品列表,使用右侧滚动条查看更多样品。

4. 若要查看单一样品的详细信息，选择列表中的某个样品，然后点击详细信息按钮。

5. 如需导出光谱，请先在"仅导出带有化学值的样品"前打勾并点击搜索按钮，确认无误后点击"光谱"按钮导出搜索结果中所有的样品光谱，分辨率间隔默认设置为 5 nm，可根据需要进行选择，选择好后点击"是"，开始导出。

6. 如需导出预测结果请点击"打印"，可将结果保存为不同格式的文件进行打印或保存，选择 .csv 格式，右侧选择 Excel report，设置好当前选项后，点击"开始"按钮。

(三) 光谱图导出

点击"报告"，选择相对应的产品，依次点击"搜索" → "光谱图" → "分辨率"，确认后浏览当前文件，选"是"，将文件复制粘贴到 U 盘。

备注：分辨率（固体时选 5，液体时选 2）。

(四) 创建分析项目

1. 点击"设置"，输入密码，依次点击"曲线" → "导入"，选择所要添加的曲线，显示为蓝色，点击 Open，显示新曲线设置，显示红框为必须填写，依次点击确定→返回。

备注：显示新曲线设置中的参数（填写检测项目）；产品类型（填大的类型，例如：玉米淀粉）；水分基准（若不确定可选不适用，不影响结果）。

2. 点击"样品分析文件"，选择"新建"，显示红框为必须填写，点击右边栏"参数"，选曲线，点击"显示"，调整顺序，点击保存。

（1）显示红框为必须填写：命名（所检测的项目名称）；重装样品为干样（选 2，重复检测选 2，样品盘选择大或小旋转）；重装样品为液体（选 1，重复检测选 2，样品盘选小固定）；产品类型选择（填大的类型，例如：玉米淀粉）；样品 ID 格式（选 Default required）；填写样品形态。

（2）选曲线，如若有多项，可多选，点击为蓝色即可。

（3）显示有多个检测项目时点击显示调整，若不调整也可。

(五) 参考扫描

当要出现"Reference failed"错误提示时选择"参考扫描"，点击"开始"，等储存框变为蓝色后，点击"储存"。

"Toggle"：控制参考板的弹出或弹入。

五、使用注意事项

1. 环境温度，工作环境 5 ℃～30 ℃，最佳使用环境 20 ℃～25 ℃（要求：

恒温恒湿环境下使用)；湿度：30%～70%。

2. 最好有稳压功能的 UPS 电源，功率在 1 000 W 左右。

3. 不要放在窗边，避免自然光直射仪器；避免空调或风扇的出风口对着仪器。

4. 仪器不要放在高温、高振荡设备和水池旁边。

5. 磁盘分里档和外档，注意根据样品杯的不同选择合适的档位。

6. 光学窗口的清洁时，可用不起毛的擦镜纸擦掉灰尘，油污可用蘸有异丙醇或乙醇的不起毛的擦镜纸擦拭，不要使用眼镜布擦拭。

7. 触摸屏不要用湿布擦，可用蘸有低浓度清洗剂的屏幕擦布清洁。

8. 参考板清洁：先将前盖取下，浮尘用软毛刷清扫；灰尘已粘在白板上时请用绘图橡皮擦干净。

9. 连接主机与显示屏的电缆线必须在关机的情况下才能取下或拧紧拧松。

六、思考题

1. 近红外成分分析仪测定作物品质指标的原理是什么？

2. 使用近红外成分分析仪测定作物品质时样品准备及测试过程中应该注意哪些问题？

七、参考文献

陈嘉伟，周德强，崔晨昊，等 . 2023. 近红外光谱的小麦粉粉质特性预测模型研究 [J]. 光谱学与光谱分析，43（10）：3089 – 3097.

褚小立，李亚辉 . 2023. 近红外光谱实战宝典 [M]. 北京：化学工业出版社 .

第四节　农作物种子考种分析
——自动考种分析及千粒重仪系统

对农作物种子（如玉米、小麦、水稻、大豆、花生等）大小、形状、颜色、千粒重、粒径、均匀度、病虫害损伤情况等多种形态特征，以及玉米等作物的果穗、籽粒及截面的考种分析，是作物栽培生态学研究的重要内容，不断提升研究的精度和效率，有效增强作物栽培生态学研究的能力，可以为现代精准农业可持续发展和跨学科研究提供有力支持。

一、实验目的

掌握利用自动考种分析及千粒重仪系统快速准确对农作物种子进行考种分析及千粒重测量的原理和方法。

二、实验原理

自动考种分析及千粒重仪系统（SC‐G 型，图 6‐9）将实体种子转化为数字图像数据，利用图像处理技术、电子技术和计算机技术对种子样本进行高效、精确的考种分析。首先，需要将种子样品均匀铺放或排列好，然后进行样品拍照或扫描，图像经过灰度化、增强对比度等处理后，通过图像识别算法，自动识别出单个种子，测量其长、宽、面积等几何参数并计数。结合电子天平，系统自动计算千粒重，计算公式为：（种子总重量/种子数量）×1 000＝千粒重。测量数据经过软件进行统计分析后，自动生成实验报告，包含种子的各种形态指标和千粒重数据等。

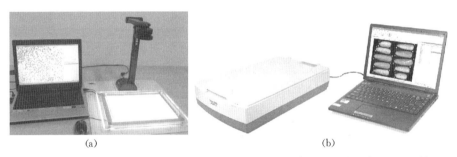

(a)　　　　　　　　　　　　(b)

图 6‐9　SC‐G 型自动考种分析及千粒重仪系统与高拍仪（a）、扫描仪（b）连接图

三、仪器用具

万深 SC‐G 型自动考种分析及千粒重仪系统。

（一）主要软件

SC‐G 型自动考种分析及千粒重仪系统分析软件。

（二）主要仪器用具

软件锁、A3 幅面的紫光 M 1 彩色扫描仪、USB 2.0 接口的拍摄仪、超薄的背光光源板、带 RS 232 通讯接口的量程 220 g 电子天平（精度 1 mg）。

四、操作步骤

（一）以小麦种子考种为例

1. 样品准备

每个样品准备 200 粒种子（去除杂质，去除破损粒），3 次重复。

2. 检查连接

软件锁、扫描仪连接线均已正确连接上电脑的 USB 接口、天平为"开"，并与电脑连接。

3. 打开软件

在电脑桌面双击"万深 SC‑G 自动考种分析及千粒重仪系统"图标，进入软件界面。

4. 成像设置

进入系统后，在常规栏里点击"设置"按钮，选择成像方式为"扫描仪"，点击确认。

5. 自动标定

点击"标定"，选"扫描时自动标定"做自动标定。

6. 种子图像扫描

（1）打开扫描仪盖子，将种子样品均匀摆放，保持一定间距，盖上扫描仪盖子；普通小麦种子扫描，选用黑色背景板，如果是蓝粒、紫粒小麦，使用白色背景板（白色 KT 板）。

（2）点击软件界面上方菜单栏"扫描"图标，在弹出的"选择来源"窗口中，默认选择"UniscanM1x‑TWAIN 0.0（32‑32）"，点击"选定"；在弹出的对话框"DocTWAIN（MIX）"中，设置扫描参数，一般无须调整（通常设置为纸张大小：最大扫描面积；扫描模式：自动；文档类型：自定义；分辨率：300；亮度：15；对比：35）。

点击"预览"，鼠标拉动选择扫描范围；点击"扫描"。

（3）扫描完成，点击"保存"，命名文件，选择保存路径。

7. 种子形态特征分析

（1）建立向导（如果向导已经建好，可直接进入下一步）：常规→开始→处理→分割（自定义→调阈值，使种子和背景对比明显，完全分割→确定）→反色→腐蚀→膨胀→分割粘连（选长形）→计数→常规→完成→输入向导名字（如：普通小麦）。

（2）在菜单栏"当前向导"，点击倒三角，选择合适的向导（如：普通小麦）。

（3）打开保存的图片（或扫描完成立即分析），点击"执行"，右侧窗口出现种子形态数据。在数据结果窗口，点击第二个图标（Excel 标志），另存 .csv 文件，命名文件，选择保存路径。

（4）继续打开下一张照片，选择当前向导，点击"执行"，在数据结果窗口，点击"Excel 图标""追加保存"，数据被存入上一步建立的 .csv 文件中。重复该步骤，直至完成所有种子图像的分析。

8. 数据保存

分析完毕，关闭软件，拷贝图像及数据。关闭天平、扫描仪，电脑关机，取下软件锁。用干净的软布清洁扫描仪台面。

（二）玉米果穗考种

1. 检查连接

软件锁、扫描仪连接线均已正确连接上电脑的 USB 接口、天平为"开"，并与电脑连接。

2. 打开软件

在电脑桌面双击"万深 SC‑G 自动考种分析及千粒重仪系统"图标，进入软件界面。

3. 成像设置

进入系统后，在常规栏里点击"设置"按钮，选择成像方式为"扫描仪"，点击确认。

4. 自动标定

点击"标定"，选"扫描时自动标定"做自动标定。若测量值与实际值有差异，可进行修正：若果穗长度向与扫描仪的长度向一致，则选"扫描图像纠正"横向值可定在 1.05 左右（对应的纵向值应定 1.00）；否则不选"扫描图像纠正"，而应在结果表顶部设置"修正"为 1.05 左右。系统会自动根据扫描的分辨率将图像尺寸对应到实际大小尺寸。

5. 图像分析

摆放好玉米果穗或果穗横截面或玉米籽粒后，点击"扫描"按钮进行扫描。每次扫描完毕，先点击软件左上角"保存"图像按钮保存原始图像（格式为 .png，以便可再打开或重复处理），再点"方形"工具选择目标区，在菜单栏"当前向导"，点击倒三角，选择合适的向导（玉米果穗黑底）分析处理。

6. 保存结果

在玉米整穗分析栏，点击"测量"在玉米果穗上画出竖排的玉米籽粒，即可得出测量粒数、平均粒高、行粒数；在玉米横截面分析栏，通过"玉米截面（执行、修正、增加、减少）"键修改结果；在玉米籽粒分析中，通过"计数（计数、编辑、分割、合并、增加、擦除）"键来修改（结果会自动进行更正数据），结果确认后，即可点击"Excel 图标"导出 Excel 表格。

（三）高拍仪安装使用方法

1. 安装软件

安装"万深 SC‑G 自动考种分析及千粒重仪系统""高拍仪"两个软件。

2. 打开软件

在电脑桌面双击"万深 SC‑G 自动考种分析及千粒重仪系统"图标，进入软件界面。

3. 成像设置

进入系统后，在常规栏里点击"设置"按钮，选择成像方式为"良田高拍仪"，点击确认。

4. 标定及拍照

点击"标定"，选择"通过标定板自动标定"，点击"连接→调节高拍仪和灯板→拍摄并标定"（'＋'出现在灯板四个角中），点击"连接"→放上材料（调节高拍仪对焦）→"拍摄"，在"目标区"中选择"替换""方形"，框出材料目标区域→点击向导，选择材料名称，点击"执行""保存"（总结果和详细结果），如若继续拍摄其他材料，拍摄完成后其结果可直接点击"追加保存"。

5. 注意事项

（1）关闭 360 杀毒软件，否则可能影响摄像头打开。

（2）曝光问题可在拍摄原属性中将自动曝光去掉，通过高拍仪上的齿轮调节焦距，高拍仪可以调节高度。

（四）小麦种子考种及千粒重测定

为加快千粒重计算，万深 SC‐G 分析系统带有 RS 232 串口信息的识别特性，要实现电子天平与电脑的自动通讯，需要在电脑上安装电子天平串口驱动软件，"RS 232 转 USB 接口驱动 340（电子天平串口驱动）.exe"，并在天平上做设置，保证天平串口的基本设置与软件中设置的参数保持一致。有以下两种测量方式：

1. 边拍照片边称重

（1）拍摄照片。

（2）天平称重。

① 打开天平（等待天平数值从 99 999 倒数到 1 111 初始化结束）。

② 天平调平衡。

③ 点击天平面板"标定"，等画面出现 100 后，将 100 g 的砝码放到天平上进行复核。

④ 点击天平面板"置零"，将数值归零。

⑤ 放入种盘，点击"去皮"。

⑥ 将被拍照的样品收集起来，放到种盘中称重。

⑦ 点击电脑界面红框内的图标，弹出串口设置，选择合适端口（天平连接电脑并且开机后，端口处会有选项，如果没有选项，需安装天平驱动），点击"自动读取重量→确定"，天平的称重数值会自动传输到"样重（g）"中。

（3）选择合适向导，点击"执行向导"，分析数据，保存即可。

2. 统一拍完保存图片后，再统一称重

（1）统一拍摄照片，并保存图片。拍摄完一份样品后，点击保存文件，保存图片并命名。如此循环，将所有样品先全都保存成图片。

（2）称重和分析。

① 打开天平并调好天平（参考方式1）。

② 打开软件，导入第一份样品图片。

③ 将第一份样品放到天平上，软件中自动传入天平重量，点击执行进行分析。如此循环，再导入第二份样品图片，将第二份样品放到天平上……，直至分析完成所有样品，并保存数据。

（五）注意事项

1. 要确保种粒平铺散开，不堆叠，籽粒间保持适当间距。

2. 扫描分析拟南芥、烟草种子，用1 200 dpi成像；分析油菜种子等小颗粒，用300 dpi～600 dpi成像；分析大米、小麦、稻谷、玉米等种子，在玻璃板上用300 dpi成像；分析玉米果穗用150 dpi成像。

3. 对果穗需修正扫描图横向或短边尺寸，而扫描头移动方向不作修正。

五、思考题

1. 种子样品摆放应该注意哪些问题？

2. 扫描成像分析应该注意哪些问题？

六、参考文献

本方法中仪器操作部分参考杭州万深检测科技有限公司的《万深SC－G型自动考种分析及千粒重仪系统（玉米果穗考种）简明使用手册》.

第五节　谷物水分测定
——电容式水分测定仪

水分是种子细胞内部进行新陈代谢作用的介质，在种子的成熟、后熟、储藏和萌发期间，种子物理性质的变化和生理生化过程都与水分的状态和含量密切相关。谷物水分对谷物的物理特性、储存稳定性、加工特性和经济价值有着直接的影响。准确测定谷物水分对确保作物种子储藏安全和质量、指导适时收获、优化种子处理等具有重要作用。

一、实验目的

学习电容式水分测定仪测定种子水分的原理和方法。

二、实验原理

电容是表示导体容纳电量的物理量，其大小与物质的介电常数和两极板对应的面积成正比，与两极间的距离成反比。当两极的对应面积一定，且两极板的距离一定（测试的样品量一定）时，电容量的变化只与介电常数有关。空气的介电常数为 1，种子中的干物质的介电常数为 10，水分的介电常数为 81，因此种子内水分变化，就会引起介电常数的变化，从而引起电容的变化。将种子放在电路中，作为电容的一个组成部分，测得电容的大小就可以转换成种子水分显示到仪器的显示屏上。

三、仪器及配件

PM-8188-A 谷物水分测量仪（图 6-10）主机、料斗、自动料斗、自动料斗基座、杯子、5 号电池。

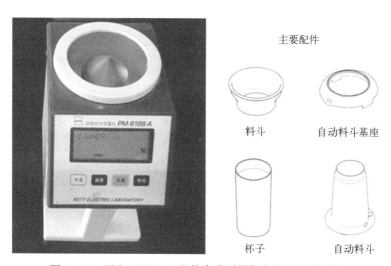

图 6-10   PM-8188-A 谷物水分测量仪主机及主要配件

四、操作步骤

（一）按"开关"键，开机

开机 2 s 后，屏幕显示上次测量的样品种类编号及该类样品的英文前四个字母（表 6-4），如小麦显示为"01 WHEA"。

（二）按"选择"键，选择样品种类

每按一次"选择"键，样品编号会按"01→02→03→04→选择顺序显示。

表6-4 样品种类清单

编号	谷物	谷物名称	测量范围（%）	标准误差（%）	采样方法
1	小麦	WHEA	6.0～40.0	0.5（6.0～20.0）	自动料斗
2	玉米	CORN	6.0～40.0	0.5（6.0～20.0）	自动料斗
3	大豆	SOYB	6.0～30.0	0.5（6.0～20.0）	自动料斗
4	大麦	BARL	6.0～40.0	0.5（6.0～20.0）	自动料斗
5	绿豆	MUNG	6.0～30.0	0.5（6.0～20.0）	自动料斗
6	高粱	SORG	6.0～30.0	0.5（6.0～20.0）	自动料斗
7	油菜籽	CANO	6.0～30.0	0.5（6.0～20.0）	自动料斗
8	花生米	PEAN	4.0～15.0	0.5（4.0～15.0）	杯子
9	籼米	LRCE	9.0～20.0	0.5（9.0～20.0）	自动料斗
10	籼稻	LPAD	8.0～35.0	0.5（8.0～20.0）	自动料斗
11	粳米	SRCE	9.0～20.0	0.5（9.0～20.0）	自动料斗
12	粳稻	SPAD	8.0～35.0	0.5（8.0～20.0）	自动料斗
13	小米	MILL	6.0～30.0	0.5（6.0～20.0）	自动料斗
14	小豆	ADZU	6.0～30.0	0.5（6.0～20.0）	自动料斗

（三）采样及测量

1. 手动采样及测量

（1）采样。将料斗套在杯子上，倒入样品到料斗深度的1/3左右，刮平，移动料斗去掉多余样品，刮平样品表面（图6-11）。

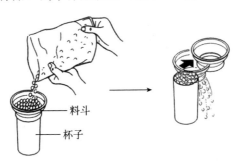

图6-11 手动料斗（杯子）采样

（2）测量。

① 仪器调零：确认测量池内无样品后，按"测量"键进行准备测量。按"测量"键后，仪器屏幕上小数点会闪烁显示，此时电子天平正在调零，切忌移动或震动仪器。

② 样品投入：屏幕上"样品投入图标"开始闪烁后，瞄准测量部位的中心，5 s～6 s 内将杯子里的样品全部倒入测量池，并注意使样品池的待测样品表面保持水平。

③ 显示结果：小数点闪烁约 5 s 后，屏幕显示"样品排出图标"，并显示测量次数和水分值。例如："01 WHEA 1 TIMES 13.5％"表示样品种类编号 01 WHEA，第 1 次测量的水分值 13.5％（显示从 1 到 9 TIMES 的测量次数，第 10 次测量时将返回到 1 TIMES）。水分值低于测量范围时，显示"Lo"，超过测量范围时，显示"Hi"。

④ 继续测量：倒出样品，此时屏幕显示水分值不变，继续测量时，从步骤①开始。

⑤ 获取平均测量值：按"平均"键，显示平均值与测量次数。

⑥ 仪器关机：测量完毕，关闭电源。

2. 自动料斗采样及测量

（1）采样。将自动料斗套在自动料斗基座上，向左旋转自动料斗听到"咔嚓"声响时，表示安装成功。在自动料斗上部套上料斗，倒入样品至料斗深度的 1/3 左右，移动料斗去掉多余样品，刮平样品表面（图 6 - 12）。

图 6 - 12　自动料斗（杯子）采样

（2）测量。

① 安装料斗：将设置好的自动料斗放置到主机上，安装自动料斗时，"Kett"标记应朝向主机正面（如果自动料斗安装不正确，会碰到上部环盖，导致内置电子天平无法正确运行，影响测量值）。

② 仪器调零：确认测量池内无样品后，按"测量"键准备测量。按"测量"键后，仪器屏幕上小数点会闪烁显示，此时电子天平正在调零，切忌移动或震动仪器。

③ 样品投入："样品投入图标"开始闪烁后，按下自动料斗闸门按钮倒入样品（按下闸门按钮后，小心闸门会向右侧弹出打开闸门，关闭时请返回到指

定位置）。

④ 显示结果：小数点闪烁约 5 s 后，屏幕显示"样品排出图标"，并显示测量次数和水分值。例如："01 WHEA 1 TIMES 13.5％"表示样品种类编号 01 WHEA，第 1 次测量的水分值 13.5％（显示从 1 到 9 TIMES 的测量次数，第 10 次测量时将返回到 1 TIMES）。水分值低于测量范围时，显示"Lo"，超过测量范围时，显示"Hi"。

⑤ 继续测量：倒出样品，此时屏幕显示水分值不变，继续测量时，从步骤①开始。

⑥ 获取数据平均值：按平均键，显示平均值与测量次数。

⑦ 关机：测量完毕，关闭电源。

五、注意事项

1. 采样方法根据测量样品的种类进行选择（表 6-4），采样方法一旦选择错误，将无法正确测量水分。

2. 使用手动料斗（杯子）采样时切勿直接将样品倒入杯子，投料时要使样品在样品池内保持水平状态，否则测量不准确。

3. 正确安装自动料斗。安装时"Kett"标记应朝向主机正面，料斗安装不准会碰到上部环盖，导致内置电子天平无法正确运行，影响测量结果。自动料斗一旦倾斜，样品无法水平落下，也会影响测量结果。

4. 测量前注意检查，确认测量池内无样品。

5. 水分值低于测量范围时，显示"Lo"，超过测量范围时，显示"Hi"。高水分的样品由于颗粒间水分差别很大，即使显示水分值，测量精度可能也不高。

6. 为减少测定误差，应保证样品和仪器使用环境温度一致。

六、思考题

1. 影响电子仪器法测量谷物水分的关键步骤有哪些？
2. 使用电容式谷物水分测定仪应注意哪些操作细节？为什么？

七、参考文献

吴承来，董学会 . 2022. 种子学实验技术［M］. 北京：中国农业出版社 .

张春庆，孙爱清 . 2020. 种子生物学［M］. 北京：中国农业出版社 .

本方法中仪器操作部分参考日本 Kett 公司提供的《PM-8188-A 谷物水分测量仪使用说明书》。

第六节　谷物容重的测定
——谷物容重器

谷物容重指单位体积内谷物种子的绝对重量，是衡量籽粒密度和充实度的物理参数，反映了作物籽粒的质量和产量潜力，与作物生长环境条件、管理措施等作物栽培生态研究内容关系密切，是谷物种子以及粮食收购、储运、加工和贸易中分级的重要依据。

一、实验目的

学习掌握谷物容重测定的原理和技术方法。

二、实验原理

谷物容重器是利用带有排气砣的容量筒（容积为 1 000 mL±1.0 mL），将谷物在自然垂直、无阻力条件下落入容量筒中，然后用天平称出容量筒中样品的质量，得到籽粒的实际容重，以"$g \cdot L^{-1}$"表示。可以测量谷子、小麦、高粱等小颗粒粮食，也可以测量玉米、黄豆等大颗粒粮食。

三、仪器设备及配件

本节以 GHCS-1000A 型谷物容重器为例，该仪器主要有主机（图 6-13）、谷物筒（2 只，分别适用于大粒、小粒种子）、中间筒、容量筒、排气砣、漏斗阀（30 mm：适用于小粒种子，40 mm：适用于大粒种子）、插板、校准砝码、水平铁板（选配）。

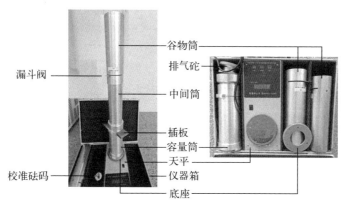

图 6-13　谷物容重器

四、操作步骤

（一）安装

1. 打开仪器箱，根据不同的粮食品种，选择大颗粒或小颗粒谷物用漏斗，并正确安装。

2. 将谷物筒底座固定到水平铁板上。

（二）调试

1. 接通容重器电源。

2. 打开电子秤电源开关，电子秤进入自检状态，自检完成后，将容量筒、排气砣放在电子秤盘上，按"置零"键，显示器应显示"0"。

（三）样品的测量

1. 样品制备

小颗粒样品制备执行标准 GB 5498—2013；大颗粒样品制备执行标准 GB 1353—2018。

2. 容重测量

（1）将容量筒安装在铁板底座上，再把插板插入容量筒插板槽内，并将排气砣平置于插板之上，套好中间筒。

（2）关闭漏斗阀，再将制备的试样倒入谷物筒内，装满刮平，再将谷物筒套在中间筒上，完全打开漏斗阀，让谷物自由下落至中间筒内。用手握住谷物筒和中间筒的连接处，将插板迅速抽出，此时排气砣和样品落入容量筒中，再将插板插入插板槽内，依次取下谷物筒、中间筒和容量筒，倒净容量筒插板上方多余的试样，抽出插板，将容量筒平稳地放在电子秤上称重，电子秤窗口显示的数值即为容量筒中 1 L 粮食的实际重量。

注意：每个样品两次重复取平均值，重复间误差不超过 $3.0\ g \cdot L^{-1}$，如超过 $3.0\ g \cdot L^{-1}$，测定第三次。每次测量前，必须将容量筒、排气砣放在电子秤盘上，按"置零"键，使显示窗口归零。

（3）测量结束，关闭电源开关，拔下电源插头；清洁"谷物筒、中间筒、容量筒"内外壁；将全部组件归入仪器箱内正确位置。

五、注意事项

1. 确保仪器整机及部件清洁无杂物，避免污染样品。

2. 轻拿轻放容量筒、谷物筒、中间筒，防止碰撞变形，影响测量精度。

3. 台面电子秤严禁敲击、震动，秤盘上不可长期置物，及时取下称重后的容量筒，以免损伤仪器。

4. 操作时，必须保持插片抽插顺畅，避免受到阻力或震动，否则应重新测定。

5. 仪器长期停用时，应在干燥、无腐蚀气体的环境中保存，再次启用须按规定进行检测。

六、思考题

准确测量谷物容重需要注意哪些问题？为什么？

七、参考文献

田纪春.2006. 谷物品质测试理论与方法［M］. 北京：科学出版社.

国家市场监督管理总局，中国国家标准化管理委员会.2018. 玉米［S］. GB/353—2018.

中华人民共和国国家质量监督检验检疫总局，中国国家标准化管理委员会.2013. 粮油检验 容重测定［S］. GB/T 5498—2013.

第七章　作物表型生态指标测定技术

第一节　单株作物表型指标的测定
——箱体式单株植物三维表型测量平台

植物个体的生长量直接影响植物群体的物质生产。植物单株的株高、叶面积等表型指标，是植物栽培生态及育种研究和生产实践中用来表示植物生长量的重要指标。生产实践中，株高经常被用来衡量各种栽培生态技术的效果，对稻麦等密植植物来说，一定范围内适当降低株高，合理调节群体结构有利于提高群体的物质产量。叶面积与产量关系非常密切，同时又是比较容易控制的一个因素。叶面积过小，不利于产量形成，但过大又会造成群体内光照条件恶化，影响光合作用和产量。合理密植和合理肥水等增产措施显著的增产作用，主要在于适当地扩大了叶面积。可见，快速准确测定株高、叶面积等单株形态指标对栽培生态研究具有重要意义。

一、实验目的

了解测定作物单株表型的重要性，掌握用箱体式单株植物三维表型测量平台快速精准测量作物单株株高、叶面积等表型参数的技术方法。

二、实验原理

LQ‐MVS‐Pheno V2 箱体式单株植物三维表型测量平台采用电气化一体化设计，集成高清图像传感器阵列，自动获取植物多视角图像以及顶部、侧面定点图像，单株数据采集时间小于 2 min，可自动编号管理与存储样本数据，为植物三维表型解析计算提供可靠的表型源数据，适用于温室、实验室等室内场景，可以自动化、高精度、快速采集大批量植物样本和高通量表型数据。

三、仪器设备

1. 主要硬件组成
密闭箱体结构、顶挂式转台结构、高清图像传感器阵列组件、控制器箱体、网络组件、高清相机和电脑（图 7‐1）。

图 7-1　LQ-MVS-Pheno V2 箱体式单株植物三维表型测量平台

2. 软件

植物三维点云表型解析软件。

四、操作步骤

(一) 设备状态检查

数据采集作业前，必须进行设备状态检查，正常情况下，设备正常状态如下：

(1) 设备上的相机、路由器、交换机指示灯亮起。

(2) 软件中的串口号自动打开。

(3) 软件中相机个数显示与实际安装的相机个数一致。

(4) 箱体的补光灯亮起。

满足以上条件，方可运行设备。

(二) 数据采集操作流程

1. 样本准备

通过盆栽或田间取样盆栽的形式，将被测植物样本固定在盆中，并保持直立，选取的固定盆的高度大小保持一致，植物的根部应该和盆体上边缘保持水平，最低叶片不得低于花盆边缘。

2. 样本放置

把样本放置于箱体正中央，靠近样本处放置标记板，标记板不要和样本叶片或盆体粘连，且在图像采集视野中。

3. 测试前准备

设置转速；连接设备内部无线网；选择文件储存路径；检查串口号即相机

编号，确认相机连接；使用高速预览模式，点击“启动预览”；根据界面实时显示调整相机角度，以及曝光亮度光圈和焦距光圈使视野清晰，结束后点击“停止预览”。

4. 测量

关闭箱体门，软件“主界面”中输入样品编号，点击“运行”，设备自动采集，采集结束后更换样本，如此循环进行多样本数据采集。

5. 测量结束

所有样本测量完成后，关闭电源，关闭箱体门，备份采集数据到服务器。

6. 云文件生成

利用图像照片生成 3D 点云文件。

（三）植物三维点云表型解析软件使用

1. 点云重建

打开电脑命令行窗口 cmd（图 7 - 2），转到 3D _ Restruction 文件目录。输入批量执行命令，其中“D: \ xjnky \ xData1”为表型设备采集的样本图片文件夹，对于不同批次的图片文件，替换即可。点击回车，进入批量点云生成阶段，在文件夹中生成点云文件 Scene _ dense. ply。

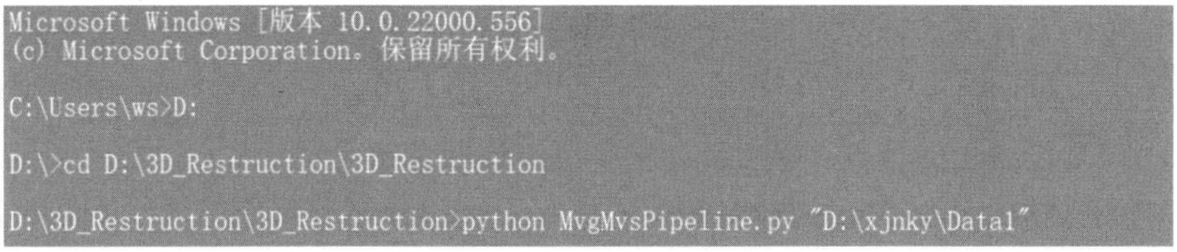

```
Microsoft Windows [版本 10.0.22000.556]
(c) Microsoft Corporation。保留所有权利。

C:\Users\ws>D:

D:\>cd D:\3D_Restruction\3D_Restruction

D:\3D_Restruction\3D_Restruction>python MvgMvsPipeline.py "D:\xjnky\Data1"
```

图 7 - 2　命令提示符

2. 点云预处理

（1）点云提取。在“文件目录”中，输入点云重建的目录（即待处理的文件夹路径，精确到文件夹），在“目标路径”中，输入点云文件放置路径（即提取的文件存储路径，自定义创建），然后点击“OpenMVS 批处理”按钮，程序自动提取点云文件，得到样本点云数据文件夹。

预处理图例见图 7 - 3。

（2）预处理。点击“参数配置”按钮（注意每次都要点开，否则后面程序无法运行）。填写计算参数，也可进行参数保存。点击“OpenMVG 前处理”按钮，进行批量执行得到植物点云文件“ _ a. txt”。针对带有红色标记板的点云，去除标记板在文件标识编辑框中填写“ _ a”，点击“去除标记板”按钮，选择待处理文件夹，批量执行去掉标记板点云，生成“ _ b. txt”点云文件。针对有花盆和土壤的点云，去除花盆和土壤点云，在文件标识编辑框中填写

图 7-3 预处理图例

"_b",点击"去除盆沿面"按钮,选择待处理文件夹,批量执行去掉标记板点云,生成"_c.txt"点云文件。

3. 表型计算

可视化工具支持包含:Geomagic studio、Cloud compare 以及 PlantCAD-MVS 软件。PlantCAD-MVS 软件操作步骤如下:

(1) 打开 PlantCAD-MVS 软件,在菜单"点云"中选择"三维表型",进入三维表型面板。勾选 RGB、整数、基点平移,按钮,点击"点云"按钮,选择点云文件,例如:0720-1-4_c.txt 文件。

(2) 在文件标识编辑框中填写"_c",点击"批量矫正"按钮,选择待处理文件夹,执行点云批量矫正,生成"_e.txt"点云文件。

(3) 在文件标识编辑框中填写"_e",点击"批量表型"按钮,选择待处理文件夹,执行表型批量计算,生成计算结果文件"PAR_Plant.txt"。

五、注意事项

1. 设备运行中,禁止人员进入箱体,如遇突发事件,首先立即断电。

2. 数据采集作业之前要进行设备状态检查,如果转台的转臂不在设备的左侧,或者转台中孔处的供电电线出现严重缠绕情况,断电人工回转,避免缠绕严重。

3. 样本在移栽时,保持植物样本直立状态。最低叶片不得低于花盆边缘。

4. 储存文件及样片编号只能使用英文和数字。

六、思考题

1. 株高、叶面积指数等与作物群体产量有何关系？
2. 控制株高、叶面积有哪些栽培、生态措施？

七、参考文献

宗学凤，王三根.2021. 植物生理研究技术［M］. 重庆：西南师范大学出版社.

本方法中仪器使用部分参考农芯科技（北京）有限责任公司、北京市农林科学院信息技术研究中心提供的《LQ‑MVS‑Pheno V2 箱体式单株植物三维表型测量平台使用说明书》.

第二节　作物叶片温度的测定
——红外热成像仪

温度是作物生命活动的生存因子，它对作物的生长发育影响很大。作物生命活动对温度有不同要求，都要在一定的温度范围内进行，不论是一般的生命活动还是生长、发育，都有三个温度基本点，即维持生长发育的生物学下限温度，最适温度和生物学的上限温度，合称为温度三基点。作物在最适温度下，作物生长、生理活动能最有效进行，光合产物积累速度高。在最低温度和最高温度之间，作物能够维持正常的生理和生长发育。温度低于最低温度和高于最高温度过多，就会对作物产生不同程度的危害，甚至会导致作物死亡，这样的温度称为致死温度（最高、最低致死温度）。温度三基点根据作物种类、品种、生育阶段和生理活动的昼夜变化以及光照等条件而不同。

在一定温度范围内，作物光合强度随气温的升高而提高。研究表明，适宜温度条件下，每提高1℃，光合强度可提高约10％，超过此范围，温度过高，光合强度增长减缓或降低，呼吸消耗增长大于光合作用增长，不利于光合产物的积累。同样低于此范围，在较低温度下，植物光合作用强度低，光合产物少，生长缓慢。而呼吸作用一般随气温的提高而增强。

温度与作物生长的关系，研究中一般用气温和土温资料代替，而在研究作物辐射平衡、热量平衡、光合作用、呼吸作用、蒸腾作用及极端温度危害时，用叶温更准确、客观。植物体中热量的得失和叶温的变化不仅取决于环境温度，还和植物体本身与周围环境进行热量交换有关。

气孔关闭能够使植物在干旱胁迫下减少水分散失，植物通过气孔的蒸腾作用散失水分，水分蒸发会带走叶片表面的热量，导致植物叶片温度随之降低，这是植物应对炎热环境防止灼烧叶片进化出的技能。研究者会利用红外热成像仪测量叶片的表面温度，以叶温估算作物叶面蒸腾速率，判断气孔运动是否异常，进而探究植物的失水率以及植物抗旱能力是否发生变化。同时，了解气孔运动机制对于探究植物抗旱的分子机理至关重要，也可为培育优质抗旱作物提供重要的理论依据。

另外，以叶温指标进行预报灌水，可以节省用水，方法便捷，速度快，适用性广。以叶温指标估算作物产量，甚至用叶温分析农业气候热量资源，进行物候预报、收获期预报、病虫害发生发展时期的预报等。

一、实验目的

了解红外热成像仪的工作原理和特点，熟练掌握红外热成像仪的操作步骤及注意事项。

二、实验原理

在自然界中一切温度高于绝对零度（$-273.16\ ℃$）的物体都不断地向外辐射着红外线，这种现象称为红外辐射。红外线的波长范围大致在 $0.75\ \mu m \sim 100\ \mu m$ 的频谱范围，是一种人眼不可见的光波，无论白天黑夜，物体都会辐射红外线，但红外线不论强弱，人们都看不到。红外辐射的物理本质是热辐射。物体的温度越高，辐射出来的红外线越多，红外辐射的能量就越强。

红外热成像仪的工作原理（图 7 - 4）是使用光电设备来检测和测量辐射，并在辐射与表面温度之间建立相互联系。红外热成像仪利用红外探测器和光学成像物镜接受被测目标的红外辐射能量分布图形反映到红外探测器的光敏元件上，利用电子扫描电路对被测物的红外热像进行扫描转换成电信号，经放大处理、转换或标准视频信号通过电视屏或监测器显示红外热图像，从而获得红外

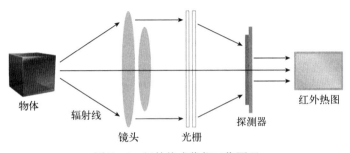

图 7 - 4　红外热成像仪工作原理

热像图，这种热像图与物体表面的热分布场相对应。通俗地讲，红外热成像仪就是将物体发出的不可见红外能量转变为可见的热图像。热图像上面的不同颜色代表被测物体的不同温度。通过查看热图像，可以观察到被测目标的整体温度分布状况，研究目标的发热情况，从而进行下一步工作的判断。

三、仪器及测试步骤

以德国 testo 890 专业型高清红外热成像仪为例。

（一）仪器构成

德国 testo 890 专业型高清红外热成像仪主要由高清数码相机、红外探测器、激光瞄准器和红外镜头等部分组成，构造如图 7-5 所示。

图 7-5　德国 testo 890 专业型高清红外热成像仪构造组成

1. 数码相机镜头　2. 红外镜头　3. 镜头释放按钮　4. 螺纹　5. 激光瞄准器　6. 对焦环
7. 可旋转手柄　8. 电池仓　9. 操作按钮　10. 背带用挂钩孔　11. 接口端子　12. 显示屏

1. 数码相机镜头：拍摄可见光图像，2 个强劲 LED 灯用于暗处照明。

2. 红外镜头：拍摄红外图片。

3. 镜头释放按钮：释放镜头锁定。

4. 螺纹（1/4″-20 UNC）：用于固定三脚架（仪器底部）。切勿使用桌面三脚架，有倾倒危险！

5. 激光瞄准器：用于瞄准被测物体。

6. 对焦环：用于手动调焦。

7. 可旋转手柄，带可调节手带和镜头盖扣环。

8. 电池仓（仪器底部）。

9. 操作按钮（仪器背部及顶部）。

10. 背带用挂钩孔，2 个。

11. 接口端子：顶部是电源插口、耳机槽、电池状态 LED 指示灯；底部是 USB 接口，内存卡插槽。

12. 显示屏，可 90°折叠，270°旋转。

（二）测试功能

德国 testo 890 红外热成像仪提供了非接触、快速扫描的检测方法，配置了 640×480 像素的红外探测器，结合红外镜头，呈现出清晰的红外图像。镜头选择性灵活，可根据不同的测量需要，选配镜头，镜头可现场更换，无论距离远近，均可获取图片。温度量程大，可检测 $-50\ ℃ \sim 1\ 200\ ℃$。

（三）仪器操作步骤

1. 安装电池

打开电池仓盖，将充电电池完全插入电池仓，关上电池仓盖，热像仪自动启动。

2. 仪器操作

（1）触摸屏操作。

① 打开语言设置对话框，点击所需的语言（语言激活时会发出一声"滴答"声）。

② 点击温度更改单位，激活的单位会显示在屏幕的右上角。

③ 点击 OK，打开"时间"设置对话框，点击顶部按钮打开时间输入画面，使用上下键设定小时和分钟值，点击 OK 确认输入。

④ 点击底部按钮，打开"日期"输入画面，使用上下键设定日、月和年，点击 OK 确认输入。

⑤ 点击 OK 关闭输入画面，按住关机键，关闭热成像仪。

（2）操纵杆操作。

① 语言设置对话框打开，上/下移动操纵杆［•］选择所需语言，黄色选择框标识所选的语言。

按下［•］激活选择，选择所需的语言（语言激活时会发出一声"滴答"声）。

② 按下左/上移动操纵杆［•］选择温度，按下［•］更改单位。激活的单位会显示在屏幕的右上角。

③ 向下移动操纵杆［•］选择 OK，按下［•］激活选择。

④ 按下［•］打开时间输入画面，上/下移动操纵杆［•］设置小时和分钟值，左/右移动操纵杆［•］切换小时和分钟。

⑤ 向左移动操纵杆［•］选择 OK，按下［•］激活选择并关闭输入画面。

⑥ 向下移动操纵杆［•］选择底部按钮，按下［•］打开时间输入画面，上/下移动操纵杆［•］设置日、月和年，左右移动操纵杆［•］切换日、月和年。

⑦ 向左移动操纵杆［·］选择 OK，按下［·］激活选择并关闭输入画面，按住关机键关闭热成像仪。

3. 调整手带

让仪器左侧躺放，打开手带顶部的衬垫，拉起手带的固定端，将右手从右侧穿过手带，根据手调整手带的松/紧，之后再重新固定，放下手带顶部的衬垫。将镜头盖系到手带上，将镜头盖上的夹子穿过手带上的固定环。

4. 旋转手柄至所需位置

将右手穿过手带，左手握住仪器，握住热成像仪前端的外壳，转动右手旋转手柄至所需位置，用中指和无名指向下按。若要向相反的方向旋转，用手跟向上按压。

5. 安装背带

将背带上的夹扣连上，再系到热成像仪上。

6. 使用镜头盒存放和保护可更换式镜头

可用类似登山扣的物件扣到腰带环上。镜头不使用时，为保护其不受损坏，镜头背部需朝向透明的塑料盖一端放置，并确保镜头盒拉链拉好。

7. 插入存储卡

打开底部接口端子的盖子，将存储卡插入卡槽。

8. 安装/移除红外保护镜

镜头对焦环上有用于安装红外保护镜的螺纹。将保护镜插上对焦环，顺时针旋转至紧来安装。逆时针旋转保护镜至取下，移除保护镜。

9. 更换镜头

每台红外热成像仪只能使用与之相应调整过的镜头；移除镜头：左手拿镜头，右手握住热成像仪并按下镜头释放按钮，逆时针拧动镜头并取下；安装新镜头：左手拿镜头，右手握住热成像仪，将镜头和仪器上的标记对齐，并将镜头放到镜头卡口上，将镜头推入卡口，顺时针转动直至旋紧。

10. 记录（保持/保存）**图像**

按下"快门按钮"，图片被保持（静止）。若要保存该图片，点击选择"保存路径"图标，保存图像，再次按下"快门"按钮或点击"保存"按钮。红外图像保存的同时，可见光图像也得到保存，并自动与红外图像关联；不保存图像按 Esc 按钮。

（四）注意事项

1. 在拍摄图像之前，先要确认镜头保护镜是否设定正确，以避免测量结果出现误差。

2. 保存图像前，利用手动调焦或自动对焦，确保图像对焦准确（在焦点内），不在聚焦范围内的图片无法在后期进行逆向修正。

3. 为了获得精确的测量结果，必须正确地设定发射率和反射温度。

4. 当湿度较高或热成像仪离被测物距离较远时，大气校正可以提高测量精度。

5. 若需通过颜色比较多张图片，则必须人工将彩色比例设定到固定值。

四、思考题

1. 红外热成像仪测试的叶温在农业生产研究中有何价值和意义？

2. 红外热成像仪的工作原理是什么？

3. 红外热成像仪初始设置有几种方式？分别是什么？

五、参考文献

Hetherington A M，Woodward F I. 2003. The role of stomata in sensing and driving environmental change [J]. Nature，424：901 - 908.

Shimizu T，Kanno Y，Suzuki H，et al. 2021. Arabidopsis NPF4. 6 and NPF5. 1 control leaf stomatal aperture by regulating abscisic acid transport [J]. Genes，12.

本方法中仪器使用操作部分参考德国 testo 公司提供的《德国 testo 890 专业型高清红外热成像仪操作手册》.

第三节　作物离体叶片叶面积的测定
——台式叶面积仪

叶片是作物和外界进行能量与物质转换的重要器官，通过感知温度、光照和水分等外界信息调控一系列体内信号通路。它的形态可体现作物的基本特征以及对资源的有效利用率，尤其是叶片面积的大小能够直接影响光合效率及生长态势，进而影响到作物干物质的积累及产量的形成。因此，叶面积是体现作物生长发育和生理生态的重要指标，是评价作物抗逆性及资源品质的常用指标，也是研究作物栽培、遗传育种等必需参考的因素。

一、实验目的

掌握利用室内叶面积仪测定作物离体叶片叶面积的原理与方法，以及注意事项。

二、实验原理

台式叶面积仪通过传输带将叶片送入带有荧光光源的分析器，当叶片通过荧光光源时，样品投射出的图形通过三个镜面反射到一个固定在仪器后部的扫描照相机上，这种独特的光学设计使得测量的准确性大大提高。此外，一种可调整的压迫式滚筒能够使卷曲的叶片变平，并使其恰好处于两个透明的传输带之间，保证测量的准确性。样本的宽度通过扫描相机得到，以 cm² 为单位的积累叶面积实时显示在仪器 LED 的显示屏上。此方法可简单、快速、精确测量各种叶片的面积，并可对具有穿孔和不规则边缘的叶片进行准确测定。

三、仪器及测试步骤

以实验室常用的美国 LI-COR 公司的 LI-3100C 台式叶面积仪为例。

（一）仪器组成

LI-3100C 台式叶面积仪构造如图 7-6 所示，主要包括主机、灯管、传送带、数显屏等。

图 7-6　LI-3100C 台式叶面积仪

（二）实验步骤

1. 田间取样

根据实验设计，分别在不同时期取样。取样采取五点取样法，各小区取 5 株用于测定。将每株作物所有绿色叶片摘下来，依次通过 LI-3100C 叶面积仪自动测定，可获得每张叶片的面积、叶片长度和平均宽度，并计算每株叶片的积累叶面积。

2. 仪器使用操作

（1）仪器准备。

① 开机，拨动电源开关至"ON"。

② 启动灯管，按动开关。

③ 在电脑上打开装 LI-3100C 程序（LI3100_win-1.0.0.exe），点击蓝色的"Connect"图标，系统会提示连接方式，使用 USB 线，选中"USB"，

如果使用 RS‑232 串口线并用 USB 转接口的，选择"Serial COM："，并在桌面上右键点击"我的电脑"，在"硬件\设备管理器"下找到 COM 端口编号，输入后，点击 Connect 按钮，完成连接。

连接成功后，随便放置一片叶子或薄纸，待滚动过后，界面如图 7‑7 所示：

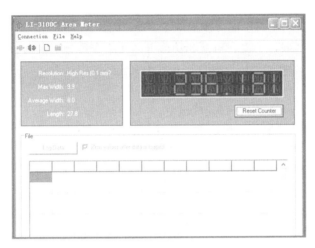

图 7‑7　LI‑3100C 台式叶面积仪叶面积测试界面

从上图中可以看到，右侧液晶显示器上显示的 236.181 为叶面积，左侧面板上显示有四行信息：

Resolution：High Res（0.1 mm²），这是分辨率。LI‑3100C 有两种分辨率选择，分别为 0.1 mm² 和 1 mm²，如要求高精度叶面积，选择 0.1 mm² 分辨率。

Max width：9.9 为叶片最大宽度，9.9 mm。

Average width：8.0 为叶片平均宽度，8.0 mm。

Length：27.8 为叶片长度，27.8 mm。

（2）校准仪器。

① 首先开机预热灯管 5 min 以上，确定分辨率为 0.1 mm²。

② 检查传输带有无杂质，确保传输带干净整洁，否则杂物也会被扫描，增加误差。

③ 将仪器标配的 10 cm² 的校准片放置在传输带上进行 10 次测定，要求每次测定校准片都放置在传输带的不同位置上。

④ 如果 10 次测定结果的累积误差超过 2%，则需要校准，否则不需要。如果误差超过 2%，则用自带的一字形小螺丝刀调节"CAL"校准旋钮（在仪器开关的左侧），顺时针增加，逆时针减小；轻轻旋转一点即可，不要旋转太

大；调节之后，重新按校准前的步骤测试 10 次，看误差是否控制在 2% 以内。

（3）建立数据文件并进行测定。

① 打开 3100C 软件，点击 File，选择"Create new data file"，打开"New data file"界面，在 Date file 项可建立一个将用于记录数据和标识内容的文件，并命名，选择保存路径。

② 加一个"Comments"，即标注、说明。

③ 在"Date fields"项可添加 3 个"prompts"，即对所测对象可以最多添加三个说明，例如，小麦、对照和幼苗等，便于今后分析数据分类用。

④ 将"New data file"界面最下面 6 项全部选中，否则，导出的数据不包括这些项。

⑤ 最后点击 Create 按钮完成设定。

⑥ 将待测的叶子放到传输带上，开始测定。

⑦ 记录数据后，在测定下一样本前按"Reset"按钮清除屏幕上的数字，从零开始记录新的被测对象。

3. 注意事项

（1）如果仪器运行时发生传输带总是向一个方向偏的现象，需要调整黑色背板上白色铁片的位置（图 7-8 黑色方框所标识的部位），使传输带的轴平行。

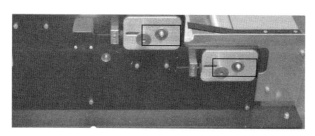

图 7-8　LI-3100C 传输带偏离时须调整的位置

（2）如果没有被测物体，屏幕上仍然出现读数，说明传输带脏了，需要清洗，在仪器运行时用湿布轻轻靠在传输带上即可。

（3）如果传输带脏污太多，污渍难以用湿布擦拭干净或者传输带出现划痕损伤，这时需要拆下传输带进行清洗或者更换新的传输带。

（4）校准，如果误差超过 2%，则用自带的一字形小螺丝刀调节校准旋钮（图 7-9 黑色方框所标识的部位），顺时针增加，逆时针减小；要轻轻旋转一点即可，不要旋转太大；调节之后，重新按校准前的步骤测试 10 次，看误差是否控制在 2% 以内。

图 7 - 9　LI - 3100C 校准时调节校准旋钮

四、思考题

1. 台式叶面积仪的工作原理是什么？
2. 台式叶面积仪在使用测定前如何进行校准？校正的标准是什么？
3. 台式叶面积仪使用中要注意哪些问题？

五、参考文献

Pan Q C，Xu Y C，Li K，et al. 2017. The genetic basis of plant architecture in 10 maize recombinant inbred line populations [J]. Plant Physiology，175（2）：858 - 873.

本方法中仪器使用操作部分参考北京力高泰科技有限公司提供的《LI - 3100C 台式叶面积仪使用操作手册》.

第四节　作物活体叶片叶面积的测定
——便携式叶面积仪

单位土地面积上的作物群体生长量是作物经济产量的基础。衡量一个作物群体大小是否适宜，除要考虑植株总数外，更要考虑单位土地面积上作物群体叶面积的大小。叶面积是与产量关系最密切、变化最大，同时又是比较容易控制的一个因素，许多增产措施，包括合理密度和合理肥水技术显著的增产作用，主要在于适当地扩大了叶面积。叶面积过小影响产量，但叶面积过大又会造成群体内光照条件恶化，也会影响光合作用和产量。

在农业科研及生产中，许多生理指标的测定，如叶面积指数、蒸腾速率、光合速率等都要涉及叶片的叶面积问题。因此，叶面积的测定是农业研究中的一项基本指标的测定，对研究作物群体、种植密度以及作物产量有重要的指导意义。

一、实验目的

掌握利用便携式叶面积仪测定作物活体叶片的原理与方法，以及注意事项。

二、实验原理

便携式叶面积仪的工作原理是利用高质量图像扫描仪获取高分辨率植物叶片彩色图像，该扫描仪在扫描面板下方安装有专门的光源照明系统，扫描时，扫描面板下的光源扫过植物叶片样品可生成高清晰度的叶片影像，该影像可借助专业图像软件分析计算叶片面积等相关参数。

三、仪器使用步骤

以实验室常用的加拿大 Regent 公司生产的 LC－2400P 便携式叶面积仪为例。

（一）仪器组成

LC－2400P 便携式叶面积仪属于扫描型叶面积仪，主要由扫描器（扫描相机）、数据处理器、处理软件等组成（图 7－10）。其野外工作使用方便，可以精确、快速、无损伤地测量叶片的叶面积、长度、宽度、周长、叶片长宽比和形状因子以及累积叶片面积等数据。

图 7－10　LC－2400P 便携式叶面积仪

（二）仪器操作步骤

1. 准备

将专用笔记本电脑充满电，将扫描仪接入电脑，打开电脑及扫描仪。

2. 获取图像

双击扫描软件"Canon Solution Menu EX"，启动应用程序，双击"MP

Navigator EA 4.0"，点击"扫描"，按提示进行各项设置（注意保存位置不能设在 C 或 D 区），设置完成后点击右下角"扫描"。

3. 图像分析

（1）仅获取叶面积。双击桌面 Win FOLIA 图标，选择 Data，点击"New file"，找到待处理图像文件夹，选一批处理文件，点击"Analysis→Parameters"，选择"Total area only"，点击"Analysis→Pixels classification"，选择"Based on grey levels"，点击"Batch→Start analysis"，然后找到叶片图像的文件夹，选择"Whole image"，用 Excel 打开该处理文件即可查看结果。

（2）基本形态学分析。双击桌面 Win FOLIA 图标，点击"Image→Orign→Disk"，打开左上角软盘图标，找到待分析图像，点击"Analysis→Parameters"，选择"Basic morpholoy"，点击"OK→Analysis"，选择"Pixels classification"，然后选彩色（设置需定义颜色）或黑白均可。如果边缘有叶柄或叶片则应擦去。点击鼠标左键，选择"Open file"存数据，或者选择"Create new file"创建一个新文件，或者选"Save nothing"仅浏览数据。

（3）形态病理学分析（面积、周长）。双击桌面 Win FOLIA 图标，点击"Image→Orign→Disk"，打开左上角软盘图标，找到待分析图像，点击"Analysis→Parameters"，选择"Leaf morphology"，点击"OK→Analysis"，选择"Pixels classification""Based on color"，点击"OK"，选择"Color"项中的"New color（设置健康及病叶等）"，将鼠标放在叶柄基部，点击鼠标左键，选择"Open file"保存数据，或者选择"Create new file"项创建一个新文件，或者选择"Save nothing"项仅浏览数据。

四、注意事项

1. 扫描叶片时，参数设定一定要按图示进行，所保存文件类型必须是 JPEG 类型，否则数据将不能分析。

2. 扫描仪是靠笔记本电脑供电，因此测定前一定确保充满电。

五、思考题

1. 便携式叶面积仪的工作原理是什么？

2. 便携式叶面积仪图像分析部分包括哪几种类型？

3. 便携式叶面积仪使用中要注意哪些问题？

六、参考文献

本方法中仪器使用操作部分参考北京力高泰科技有限公司提供的《LC-2400P 便携式叶面积仪使用操作手册》。

第五节 作物叶面积指数、冠层
光合有效辐射的测定

——植物冠层分析仪

叶面积指数（LAI），亦称叶面积系数，是指单位土地面积上植物叶片总面积占土地面积的倍数，即叶面积指数＝叶片总面积/土地面积，是衡量和评价作物栽培管理过程中作物群体大小和群体生长状况的重要参考指标。它与作物的密度、结构（单层或复层）、生物学特性（分枝角、叶着生角、耐荫性等）、环境条件（光照、水分、土壤营养状况）以及光合作用（细胞呼吸、总光合作用量、干物质积累量）等密切相关。研究表明，在田间试验中叶面积指数与作物最终产量高度相关，在一定范围内，叶面积指数越大，光合有效辐射越高，作物能够利用的光能越多，其光合产量就越高，从而作物的产量也会提高。因此，高产栽培首先应考虑获得适当大的叶面积指数。

作物冠层的光合有效辐射（PAR）是作物生命活动、有机物质合成和产量形成的能量来源，直接影响着植物的生长、发育、产量和产品质量。通过实地测量和分析 LAI 和 PAR，可为进一步探究、掌握光合有效辐射和环境因子（如天气、时间、地理位置等）对作物的生长和产量的影响提供理论依据。

在一定的范围内，作物的产量随叶面积指数的增大而提高。当叶面积指数增加到一定的限度后，田间郁闭，冠层内部光照不足，光合效率减弱，产量反而下降。通过植物冠层分析仪测定叶面积指数和光合有效辐射的大小可以帮助我们了解作物的生长情况，估测作物的产量。叶面积指数和光合有效辐射的大小在一定范围内与作物的产量呈正比例的关系，因此，研究叶面积指数和光合有效辐射对于作物的产量有着积极的影响和重要的指导意义。

一、实验目的

了解植物冠层分析仪的工作原理和特点，熟练掌握植物冠层分析仪的操作步骤及注意事项。

二、实验原理

冠层分析系统根据光线穿过介质减弱的比尔定律，采用冠层孔隙率与冠层结构相关的原理，通过专业镜头成像和图像传感器测量作物冠层 PAR 数据和获取植物冠层图像，利用软件对所得图像和数据进行分析计算，从而得出 LAI、PAR、穿透光量、PAR 图谱等相关指标和参数。

三、仪器及使用步骤

以目前实验室常用的两款冠层分析仪为例，分别为 Sun Scan 植物冠层分析仪和 ACCUPAR LP‑80 PAR/LAI Ceptometer 植物冠层分析仪（简称 LP‑80 植物冠层分析仪）。

（一）Sun Scan 植物冠层分析仪构成及测试步骤

1. 仪器构成

Sun Scan 植物冠层分析仪由 SS1 传感器、BF5 辐射传感器、PDA 数据采集器、无线发射模块等部分组成，构造如图 7‑11 所示。

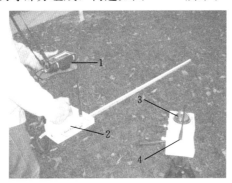

图 7‑11　Sun Scan 植物冠层分析仪
1. PDA 数据采集器　2. SS1 传感器　3. BF5 辐射传感器　4. 无线发射模块

（1）PDA 数据采集器。PDA 数据采集器内置 Sun Data 数据采集软件，用于采集直射和漫射的截获光、天顶角、LAI、叶角分布、PAR 及传输系数等数据。数据可通过与 PC 连接导出。

天顶角是通过当时的时间、经度和纬度来计算的；冠层叶面角度分布和叶面吸收由使用者估算；其余计算 LAI 所需的变量可直接测定。

（2）SS1 传感器。SS1 传感器是一支 1 m 长，内嵌 64 个光合有效辐射传感器的传感器，通过 RS232 串口与 PDA 数据采集器相连接。沿着探测器，平均光照水平会被计算出来，如果要绘制详细的 PAR 分布图，所有分布的传感器的读数都可被逐一读出，读数单位是 PAR 通量（$\mu mol \cdot m^{-2} \cdot s^{-1}$）。

（3）BF5 辐射传感器。BF5 辐射传感器是综合了直射和漫射 PAR 传感器，能很容易地计算出作物冠层的 PAR 以及直射光与漫射光的比例关系，无论阳光从哪一个方向射来，总有暴露在直射光下的 PAR 传感器和被遮蔽的传感器，通过缆线与 SS1 相连。

（4）无线发射模块。无线发射模块与 BF5 连接，可避免线缆造成的困扰，将 BF5 的数据传输到 PDA 软件中进行计算。

2. 测量前仪器准备

（1）测量前须检查仪器设备如掌上电脑和探头内电池的状态，以及 Sun Scan 探测器和 BFS 中内置干燥剂是否有效等。

（2）测试探头运行状态。仪器安装连接完毕，按下探头手柄上的红色按键后听到蜂鸣声。一次蜂鸣声，表示测量；二次蜂鸣声，表示记录存储数据。探头安装时，注意上面的水平气泡，尽量让传感器测量时处于水平状态。

3. 仪器操作步骤

（1）将仪器各配件进行连接。

（2）打开 PDA 电源，从左下角程序里，找到 Sun data 软件并打开。

（3）点击 file/setting 进入设置界面，点击"Sun scan"选择连接串口，在"External sensor"中选择 BF5，然后点击"Data file"，选择数据保存路径。点击 Constant，选择叶片吸光率（Leaf absorption）、叶角分布参数（ELADP），这两个参数由测试者根据实验目标自行设定。

（4）点击 Site，输入所测地点名称、经纬度，同时可以点击"Set time"设置时间。点击 Display 选择所要测量的数据模式，也可以输入测量地点的信息，点击 OK 完成设置。

测量模式可选择 LAI、PAR 或 AIIPAR。LAI 模式可以测出叶面积指数和 PAR 平均值；PAR 可以测出总辐射和漫射；AIIPAR 可以测出每一个光合有效辐射传感器的值（共 64 个）。

（5）点击 Continue 准备测量，点击读数或平均可以读出所测地点即时值或所测地点各次测量平均值，数据可以选择保存或者放弃。

（6）测量完成后，点击"File →Review data"，查看所测得的数据。

（7）导出数据，将 PDA 与 PC 连接，通过电脑自带的 Activesync 同步软件进行连接，连接成功后，PDA 以硬盘的形式出现，将数据拷贝到电脑上即可。

4. 相关参数设置

Sun Scan 的冠层分析方程，采用 Beer 方程进行计算：

$$I = IO \cdot \exp(-K \cdot L)$$

当使用传输光来测算 LAI 时，Sun data 软件函数计算值在 LAI 小于 10 且天顶角小于 60°时与全模拟计算出的 LAI 值的差距在 ±10% ±0.1。因此，在太阳很低且光线很强的时候对高垂直叶片进行测量会产生很大的误差，应尽量避免在这种条件下进行测量。

（1）吸收率。吸收率为被叶面吸收的截获 PAR 的百分比。大多数叶片吸收率值在 0.8～0.9，通常以 0.85 作为默认值。仅必需时才调整吸收值，如测量较厚的叶片或较薄的透明叶片。

（2）椭圆叶面角度分布参数。冠层的叶片被假定以相同的趋势和比例分布在一个以纵轴为对称轴的椭圆旋转体的表面。叶面角度分布可被描述成一个单一参数，即椭圆体的水平与垂直轴的比值：Eladp ＝ H/V。Eladp 为 1.0 时，表示叶面角度分布为球形，即所有的叶面角度均相同；很高的 Eladp 表示一扁平的椭圆体，即所有的叶面均为水平；大部分作物的 Eladp 在 0.5～2.0。如不能估算出 Eladp，可设 Eladp 为 1.0。

5. Sun data 软件中缩写词及术语

（1）Beam fraction。直射光中，光合有效辐射波段光的比率。

（2）Beam fraction sensor，BFS。由一个阴影遮挡面罩和 7 个光敏二极管组成，用来测量冠层上方的直射光和漫射光。

（3）Cosine response。测量光线的传感器的响应与光线入射角（被测量的光线角度为从垂直到传感器水平表面的夹角）的余弦成比例。

（4）Diffuse light。大气中的散射光。它被认为是来自天空中所有地区的具有相同强度（例如在云量均匀的阴天）的光线。

（5）Direct beam。直接来自太阳的没有散射的光线，通常被描述成来自一个点光源。

（6）Emulator。Sun data 软件中的一个设置项，无论 Sun Scan 的探头是否与掌上电脑相连接，都可以产生一个随机的结果。

（7）GMT。格林威治时间，也称为世界时间（UT），为进行天文学测量和计算所使用的标准时间。

（8）Local time。在您所在时区所使用的时间。对于不同的纬度、不同的行政界限、不同的日出补偿时间等，它在读数上不同于 GMT。

（9）Leaf angle distribution，LAD。即 ELADP，一种描述冠层元素在空间方向上的分布的方法。

（10）Leaf area index，LAI。单位面积土地上叶片的表面积（假定叶片是平整的，且每个叶片只包含一面）。

（11）Leaf absorption。截获的 PAR 被叶片吸收的部分，其余部分被反射或散射。

（12）Mean leaf angle。也称为平均顶角（Mean tip angle）、平均倾角（Mean inclination angle），指所有的叶元素在水平方向上的平均角度，它与 ELADP 直接相关。

（13）Photo synthetically active radiation，PAR。波长在 400 nm～700 nm 的可见光。它的度量单位是 $\mu mol \cdot m^{-2} \cdot s^{-1}$ 或过去使用的 μE。通常状况下，日光的最大值略微超过 $2\,000\ \mu mol \cdot m^{-2} \cdot s^{-1}$。

（14）PAR mapping。用来研究冠层中或冠层下方 PAR 的变化与分布。

（15）Transmission fraction。穿透给定冠层的光合有效辐射波段光的比率，它可以指直射光部分、漫射光部分或总截获光。

（16）Zenith angle。太阳中心与天顶间的夹角。

（17）Spread。测量沿着 Sun Scan 的探头光强的变化关系，即各个 PAR 传感器的测量偏差。

6. 注意事项

（1）测量前，须正确判断 Sun Scan 系统的电池状态。Sun Scan 系统的掌上电脑和探头内都有电池。探测器上没有电源开关键，当不进行测量操作时，探测器内的电路会自动切断电源，进入"休眠"状态。当读数在 5 000 mV 以上时，表明电池状态正常。当电池电量过低时，掌上电脑的显示屏将会出现警告，此时需更换电池。如果掌上电脑的显示屏显示电池读数为 0 mV，表明探测器的电源线路没有被激活，需将探测器重新与掌上电脑相连后，放在有光线处再试一次。在探测器中放入新电池后，可以读取 30 000 个读数。如果不进行任何测量，电池可以持续 6～12 个月。

（2）在更换或取出探测器中的电池时，需要将探测器拆开。将与探测器相连的所有设备从探测器上拔下来，小心地拧下探测器底盘上的 4 个十字头螺丝，打开底盘后可以看见电池安放槽，取下或更换电池（此时，注意扶住探头）后，将底盘拧上。

（3）干燥包的使用。在 Sun Scan 探测器和 BFS 中都内置有干燥剂包，当在野外使用时，它可以吸收仪器内的水汽。在探测器和 BFS 上有显色片来指示仪器内的干湿程度，蓝色表示干燥，粉红色表示干燥剂需要更新。干燥剂包在加热后可以再次使用，将探测器或 BFS 中的干燥剂包取出，在 140 ℃下烘 2 h，在干燥环境（如在干燥器）中冷却后可装入仪器中使用。

（二）LP‑80 植物冠层分析仪构成及测试步骤

1. 仪器组成

LP‑80 植物冠层分析仪组件包括 ACCUPAR LP‑80、外置 PAR 传感器、5 针 RS‑232 数据线、USB 转接线、带有 LP‑80 Utility 的 USB 驱动以及探杆等，用于测量植物冠层的光截取和计算叶面积指数（LAI）。该仪器能够手持或自动记录测量，仪器构成如图 7‑12 所示。

（1）外置 PAR 传感器。外置 PAR 传感器，装在水平泡旁的孔上，并连接到 LP‑80 的右侧端口。它允许在冠层上下同时进行 PAR 读数，而不需要将 LP‑80

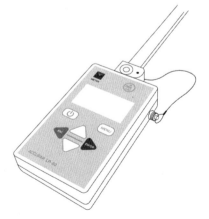

图 7‑12 LP‑80 植物冠层分析仪

移动到冠层上方和下方。LP-80 使用外置传感器来校准探杆，确保探杆与外置传感器之间 PAR 响应是相同的。

（2）探杆。探杆包含 80 个独立的传感器，每个间隔 1 cm，可测量 400 nm～700 nm 波段的光合有效辐射。LP-80 允许关闭探杆的各个部分，从底部开始，一直到探杆尖端。

（3）LP-80 Utility 程序。是专为与 LP-80 连接而设计的程序，可用于将测量数据下载到计算机、清除 LP-80 数据、设置日期和时间以及查看有关 LP-80 的信息。

2. 仪器配置

在进行测量之前，需配置 LP-80 日期、时间和位置，以确保准确的时间和测量读数。配置步骤如下：

（1）按下电源按钮打开 LP-80，按 MENU 键进入 Configuration 菜单。

（2）使用 Up 和 Down 突出位置 Location，按 Enter 键，系统位置将显示为选项国家、城市、纬度和经度。注意北纬为正，南纬为负，东经为正，西经为负。

（3）使用 Up 和 Down 突出显示所需的选项，并按 Enter 访问列表以适当地更新选择。当显示的位置信息正确后，按 ESC 键，按 Down 选择日期 Date。

（4）按 Enter，系统日期以"月/日/年"的格式显示在屏幕中央。箭头出现在第一个值的上方和下方，表明该值可以编辑。

（5）使用 Up 和 Down 来更改第一个数字。按住箭头按钮将在值之间快速滚动。按 Enter 移至下一个值或按 ESC 返回上一个值。

（6）重复步骤（5），直到选择正确的日期。

（7）修改完最后一个值后，按 Enter 返回 Configuration 菜单。

（8）使用 Down 突出显示夏令时 Daylight savings，使用 ENTER 将夏令时切换为"开"或"关"，使用 Up 突出显示时间 Time。

（9）按 Enter，系统时间以 24 小时格式显示在屏幕中央。箭头出现在第一个值的上方和下方，表示该值可以编辑。

（10）使用 Up 和 Down 来更改第一个数字。按住箭头按钮将在值之间快速滚动，按 Enter 移至下一个值或按 ESC 返回上一个值。

（11）重复步骤（10），直到选择正确的时间。

（12）修改完最后一个值后，按 Enter 返回 Configuration 菜单，按 Menu 返回主界面。

3. 仪器操作步骤

LP-80 既可以手动进行测量，也可以在自动记录的模式下进行测量。LP-80 采用几个变量来计算叶面积指数，并且在测量时，这些变量的值会显示在屏幕上，PAR 菜单如图 7-13 所示。

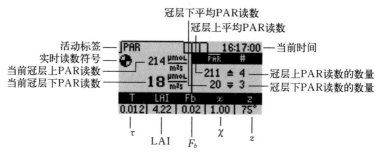

图 7-13　PAR 菜单测量界面

PAR：400 nm~700 nm 波段的辐射，代表植物用于光合作用的光谱部分。

τ(tau)：由 LP-80 自动计算的冠层下 PAR 测量值与冠层上 PAR 测量值的比值。

LAI：单位面积土壤表面的叶片面积。

Fb（光束辐射分数）：直接来自太阳的辐射和来自所有环境（如大气或其他表面的反射）的辐射的比例。

χ（叶片分布参数）：平均冠层元素（例如叶子）在水平面上的投影面积与其在垂直平面上的投影面积之比，假定冠层角度分布是球形的，则默认值为 1.0。

z（天顶角）：天空中垂直正上方的点〔称为天顶（0°）〕与太阳位置之间的角度。角度是根据全球位置、时间和地点计算的，必须在 LP-80 中配置正确的信息才能使该值准确。

（1）手动测量步骤。

① 打开 PAR 菜单。

② 按 UP 键进行冠层上方 PAR 测量，结果值显示在屏幕的右上角。

③ 测量冠层下的 PAR，在 LAI 值更新之前插入外置传感器或先获取冠层上的 PAR 读数。如果连接了外置传感器，按 Up 和 Down，LP-80 会同时记录冠层上方和下方的读数。

④ 按 Down 或键盘右上角的 PAR-LAI 进行冠层下方 PAR 测量。每次测完冠层下 PAR，LP-80 就会重新计算 LAI 值，其他相关数据 χ、Fb 和 z 值更新并显示在屏幕底部。PAR 值的右侧会出现一个数字，表示完成的冠层上方或下方的测量的数量。显示的 PAR 值反映了样本平均值。

⑤ 按 Enter 进入 Save 界面，选择按原样保存、添加注释或丢弃数据。按 ESC 键丢弃这些值。这两个选项都会清屏以获取新数据。

（2）自动记录模式。

LAI 和 τ 是通过在冠层下的随机位置手动采集 PAR 数据来精确计算，而不是将 LP-80 放在一个地方并以自动记录模式收集数据。

① 打开到 Log 菜单。

② 通过按 Up 和 Down 选择测量间隔，可选择 1 min～60 min 的任何值。

③ 按 Enter 激活自动记录模式，界面开始显示数据，如图 7 - 14 所示。LP - 80 自动保存以这种模式获取的数据。激活后，LP - 80 会继续记录数据，直到取消自动记录模式。此模式适用于短期实验（1 d 或 2 d），并不适用于将其长时间留在现场测量。

4. 数据处理

（1）保存并注释读数。在获取冠层上方和下方 PAR 数据后保存一个读数，按 Enter，出现 Save method 界面，选择保存（Save）、注释（Annotate）或丢弃（Discard）数据，注释完成后返回 PAR 菜单。

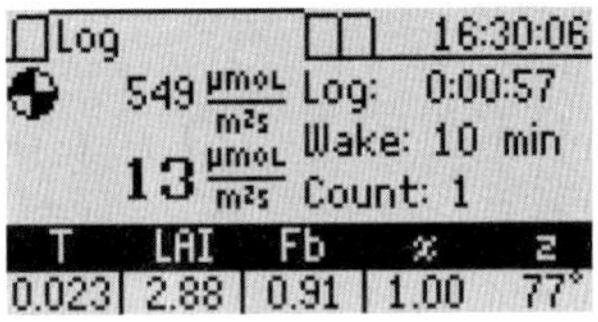

图 7 - 14　Log 菜单—每 1 min
设置一次测量示意图

（2）查看数据。想要查看以前的测试结果，请按照以下步骤：

① 按 Menu 导航到 Data 菜单。

② 选择 View，按 Enter 进入。

③ 按 Up 和 Down 滚动浏览保存的测试结果。

④ 按 Enter，查看详细数据。每条数据都显示已保存测量的详细信息。

（3）下载数据。使用 LP - 80 utility 下载数据。此软件将 LP - 80 上保存的所有测量数据传输到计算机。方法如下：

① 将 5 - 针的接头与 LP - 80 相接，同时将电缆线的 RS - 232 端连接到计算机上可用的串口或 USB 转串口适配器上。

② 通过按 Power 按钮打开 LP - 80，打开 LP - 80 utility。

③ 在主窗口的 Use computer communications port 下拉列表中选择对应的通信端口。

④ 单击屏幕左下方的 Download 或单击 File＞Download data，将出现 Save LP - 80 data 对话框，给数据文件命名。

⑤ 选择文件保存位置和格式，点击 Save 下载保存。

5. 注意事项

（1）保持探杆清洁。如果探杆上的碎片阻止光线进入传感器，测量精度可能会下降。

（2）请勿将仪器浸入水中或长时间接触雨水。

（3）将仪器放入有泡沫填充的手提箱中运输，以防止损坏。

四、思考题

1. 叶面积指数（LAI）在农业生产研究中有何价值和意义？

2. 植物冠层分析仪的测量原理是什么？

3. Sun Scan 植物冠层分析仪测量前需要作哪些准备？

4. LP‐80 植物冠层分析仪 PAR 菜单测量界面各项内容分别代表什么？

五、参考文献

曹中盛，李艳大，黄俊宝，等.2022. 监测花生叶面积指数和地上部生物量的最优植被指数及适宜波段带宽［J］.中国油料作物学报，44（6）：1320‐1328.

冯晓洁，康洋，陈兴喆.2023. 种植密度对"万糯2000"叶面积指数和灌浆特性的影响［J］.天津农业科学，29（7）：33‐39.

马艳，李博，刘爽，等.2022. 玉米不同播期对拔节期叶面积指数的影响［J］.农业科技通讯，2（2）：77‐80.

卓宝著，尹娟，徐利岗，等.2023. 不同生育时期膜下滴灌谷子叶面积折算系数和叶面积指数的变化规律［J］.安徽农业科学，51（24）：209‐212.

本方法中仪器使用操作部分参考北京力高泰科技有限公司提供的《Accu‐PAR LP‐80 PAR/LAI ceptometer 植物冠层分析仪使用说明》.

第六节　根系形态测定
——植物根系分析系统

根系是植物生长发育的基础，作物的水分、养分吸收主要通过根系完成。根系形态特性与作物地上部分的生长发育密切相关，对作物的高产抗逆等有重要影响。根长、直径、面积、根尖数量等根系形态指标的测定是作物栽培生态研究的重要内容。

一、实验目的

掌握利用根系图像分析系统快速准确测量根总长度、平均直径、根表面积、根体积、根尖数量、分叉点数量等参数的原理和技术方法。

二、实验原理

万深LA‐S根系分析系统（图7‐15）通过专业的图像分析软件对植物根系样本进行高精度的量化评估。首先利用系统配备的平台和相机获取根系的清晰图像，系统软件通过背景去除、对比度调整和噪声过滤等过程进一步增强图像质量，利用图像处理算法准确自动快速地识别和提取包含根系的总长度、平均直径、总面积、总体积、根尖计数、分叉点计数、交叉重叠部分的分析、根瘤计数分析等在内的各种根系形态参数，最终生成包含所有测量数据和分析结果的报告。

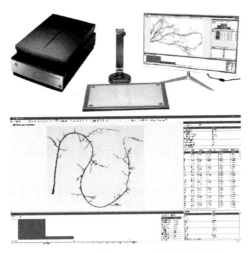

图 7-15　万深 LA-S 根系分析系统

三、仪器设备

（一）仪器硬件与用具
电脑、软件锁、双光源彩色扫描仪、根系成像盘。

（二）主要软件
LA-S 根系分析系统软件。

四、操作步骤

1. 样本准备

将洗净的根系样本放置在扫描仪平台上，确保根系平铺且不重叠。使用配套的压板避免反光，并确保样本与背景对比度良好。

2. 系统准备

检查软件锁、扫描仪数据连接线均已正确连接到电脑的 USB 接口，打开扫描仪电源及其安全锁，正确放置校正区的标尺。

3. 打开软件

双击电脑桌面"LA-S 根系分析系统"图标，进入软件界面。

4. 标定及扫描

点击"标定"，选"扫描时自动标定"做自动标定；点击"扫描"按钮，出现扫描仪操作界面，介质选"正片"，根据根系粗细选择合适的分辨率（一般300 dpi即可，根系越细则分辨率越高）并选择合适的扫描区域，点击"扫描"按钮进行扫描。每次扫描完毕，先点击软件左上角"保存"图像按钮保存原始图像（格式为. png，以便再打开或重复处理）。

5. 图像分析

点击"系统设置"，弹出设置窗口。"分割方法"选择"自动B"，点击"确定"，点击分析即可直接自动分析并显示结果。"分割方法"选择"自定义"，点击"确定"，点击分析弹出阈值界面。阈值界面中，蓝色框内的矩形条用于调节分割效果。点击"对比"可以查看原图（根据原图对比分割效果，分割到合适阈值），点击"确定"即可自动分析并显示结果。

6. 图像修改

检查自动分析标记结果是否有误，若有误，点击"手动编辑修正根系"相应的键进行修改（修改后的结果会自动做相应改变）。

7. 结果保存

第1个结果输出表可选"另存为"，其他的分析结果只需点击"追加保存"，便可保存到上述已另存的Excel表中去。

8. 拓扑分析

点击"拓扑分析"图标，显示拓扑分析面板，点击选择"主根"图标（选主根时，端头需以"黄色的根尖标记"作为起始点（如果主根明显，则以黄色根尖作为起始点；如果没有明显主根，则将待测根部的最外侧两个节点作为起始点和终点即可），主根选择的中间不能有中断，如主根弯曲且缠绕，则选上"累加"，用鼠标引导主根选取），到终点后双击鼠标，系统会自动进行拓扑分析，结果数据可点击Excel图标，导出Excel表格。

9. 连接分析

点击"连接分析"图标，显示连接分析面板，点击"分析"，数据自动呈现，输入序号，可自动查找到相应的链接及其数据，点击Excel图标，导出Excel表格。

10. 颜色分析

点击"颜色分析"图标，显示颜色分析面板，输入颜色分类"数量"，点击"分析"，分析结果数据可点击Excel图标，导出Excel表格。

五、注意事项

1. 无论扫描什么根系，首先需要以". png"格式来保存好原始图像，以便于日后复核数据的正确性。

2. 对幼根，需要在根盘中注水来将其舒展开来，水的高度要浸没根系，以免出现水线，最后的注水与抽水可用针筒来做，特别注意：扫描仪玻璃上及根盘外表面不能有水，以免出现模糊图像。

3. 根系过大，需要将其剪成 n 份来分别扫描成像（以尽可能避免重叠交叉为原则），最后将 Excel 表中的分析结果数据求和即可。

4. 对于土培的根系，在清理时，可将其放在大烧杯的水中，用毛笔慢慢蹭掉土粒和杂质。若断根现象非常明显，其实仅影响到分叉和根尖，可由事后复合来修正其数据。

六、思考题

1. 根系成像应注意哪些关键步骤？
2. 根系成像样品准备需要注意哪些问题？

七、参考文献

本方法中仪器操作部分参考杭州万深检测科技有限公司的《LA—S 根系分析系统简明使用手册》.

第七节 作物茎秆强度的测定

——茎秆强度测定仪

作物倒伏是由外界因素引发的作物植株茎秆从自然直立状态到永久错位的现象。倒伏是作物生产中普遍存在的问题，已成为高产稳产的重要限制因素之一，可使作物的产量和质量降低，并增加收获难度。小麦、水稻严重倒伏时，产量甚至可降低 50％以上。茎秆强度是决定作物抗倒伏能力的一个主要因素。

茎秆强度是指作物茎部在受到外力作用时，抵抗弯曲、折断或压缩的能力，用来衡量作物茎部的机械坚固程度。作物茎秆抗倒伏性状的强弱，不仅受到遗传特性的影响，还和作物的生长发育阶段、营养状况、水分含量、木质化程度以及茎内部的细胞结构和组成物质（如纤维素、半纤维素和木质素的比例）等因素有关。

一、实验目的

学习作物茎秆强度测定的原理，掌握使用茎秆强度测定仪测定茎秆弯曲性能、茎秆硬皮穿刺强度的方法。

二、实验原理

作物茎秆强度仪采用拉压力传感器，通过针刺、压碎、折断的方式测出瞬间产生的力，进而测定茎秆的强度，从而反映出作物茎秆弯折性能、茎秆抗压强度、茎秆组织结构强度等，据此可以判断植株抗倒伏能力。

茎秆弯曲强度采用三点弯曲试验（Three - point bending test，TPBT），原理见图 7 - 16B。茎秆弯曲强度计算公式为 $M_{max} = PL/2$。M_{max} 为弯曲强度，P 为 YYD - 1 茎秆强度仪峰值强度，L 为支撑座的跨距。

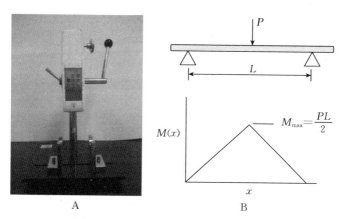

图 7 - 16　三点弯曲试验装置和示意图

三、仪器设备

YYD - 1 植物茎秆强度仪主机（图 7 - 16A）、三种不同测头（茎秆弯折性能测量测头、茎秆抗压强度测量测头、茎秆组织结构强度测量测头）。

四、操作步骤

（一）茎秆弯曲性能测量

1. 将主机安装到测试台

（1）将锁紧手柄松开，将安装板调向机台侧面；而后再用锁紧手柄将其锁紧。

（2）将上调节手柄松开，将其滑下与机箱接触，方能使安装板上方两个安装孔露出；再用安装螺钉与弹垫将测力计的上方两孔安装在安装板上（旋紧）；然后将上调节手柄滑回原处使其锁紧。

（3）将下调节手柄松开，将手柄压下后，将下调节手柄滑向机箱与其接触，方能使安装板下方两个安装孔露出；再用安装螺钉与弹垫将测力计的下方两孔安装在安装板上（旋紧）；之后将上调节手柄滑回原处使其锁紧。

（4）最后将锁紧手柄松开，使安装板调回原处（机台正面）；而后再用锁紧手柄将其锁紧即可。

2. 安装测头

将测头安装在测定仪表上的螺杆上。

3. 放置夹具

将两块相同夹具分别放入茎秆强度测定仪机台上的两侧，使被测物的中心与测头的中心在同一直线上，将上调节手柄松开，调节高度能使茎秆顺利放入夹具和测头中间，以并不碰触夹具和测头为好。

4. 螺母调节

调节螺母，使两块相同夹具到测量台中心的距离相同（准确测量距离数值，用于计算弯曲强度），且测头正对测量台中心（测量过程中随时检查夹具和测头是否松动，若有松动需重新确定好距离拧紧螺丝）。

5. 开机测试

按"开机"键打开电源，即可开始进行测试。

6. 数值显示

按"峰值"键可执行手动峰值保持、自动峰值保持、负荷实时值三种模式之间的切换。按一次液晶显示屏上只显示"Peak"，表示手动峰值保持（需要手动按"置零"键清零）；再按一次同时显示"Auto"和"Peak"，表示自动峰值保持（峰值保持一段时间，之后自动清零），无"Peak"及"Auto peak"表示负荷实时值（读不到最大值，数值一直在变）；每按一次此键，模式就切换到下一模式。强度测定仪上所显示的数值即为所得的强度值。

7. 弯曲强度测定

将茎秆某一节间（节间的中心对齐侧头中心）平放在茎秆强度测定仪的夹具凹槽内，一手抓着茎秆保持茎秆稳定不晃动，另一只手稍慢并匀速压下测量台手柄，使茎秆弯曲，读数，测量至少5株植株并取平均值。

（二）茎秆硬皮穿刺强度测试

1. 将一定横断面积（如 0.01 cm²）的测头，安装到主机上，调整螺母使探头和螺母间紧固，不要探头直接拧到底。

2. 按"峰值"键可执行手动峰值保持、自动峰值保持、负荷实时值三种模式之间的切换。按一次液晶显示屏上只显示"Peak"表示手动峰值保持（需要手动按"置零"键清零数值）；再按一次同时显示"Auto"和"Peak"表示自动峰值保持（峰值保持一段时间，之后自动清零），无"Peak"及"Auto peak"表示负荷实时值（读不到最大值，数值一直在变）；每按一次此键，模式就切换到下一模式。强度测定仪上所显示的数值即为所得的强度值。

3. 将横断面积 0.01 cm² 的测头，在茎秆节间中部垂直于茎秆茎粗的长轴方向匀速缓慢插入（可以先挑破叶鞘，后从叶鞘破口处穿刺，成熟期可直接剥去叶鞘再穿刺），均匀且稳定地对植物茎秆施加力量，读取穿透茎秆表皮的最大值（峰值）。测定至少 5 株植株并取平均值。

五、注意事项

1. 根据测试指标要求和被测植物茎秆的特性选择合适的测头，确保测试的精确度。

2. 确保主机与测头已经正确连接并旋转拧紧，避免测试过程中脱落或松动影响数据准确性。

3. 在进行茎秆硬皮穿刺强度测量时，应均匀且稳定地对植物茎秆施加力量，避免瞬间大力冲击导致数据偏差或损伤茎秆及设备。

六、思考题

1. 作物茎秆强度研究的重要性有哪些？
2. 准确测定茎秆强度应注意哪些问题？

七、参考文献

谢刘勇 . 2022. 玉米茎秆强度相关性状全基因组关联分析与重要基因挖掘 [D]. 泰安：山东农业大学 .

谷淑波，宋雪皎 . 2021. 作物栽培生理实验指导 [M]. 北京：中国农业出版社 .

Robertson D，Smith S，Gardunia B，et al. 2014. An improved method for accurate phenotyping of corn stalk strength [J]. Crop Science，54：2038 - 2044.

本方法中仪器操作部分参考浙江托普仪器有限公司提供的《YYD - 1 茎秆强度测定仪使用说明书》.

第八章 作物田间试验注意事项

作物栽培生态研究主要是在大田开展，田间试验是作物栽培生态研究的主要方式。作物的产量、品质以及各种特性和性状的表现，都是在田间复杂条件影响下的综合结果，田间试验过程中采取的不同农艺措施对作物生长环境如温度、水分、土壤结构等有不同的影响，从而影响着作物生长发育过程中光合能力、养分积累、作物品质等。合理的栽培耕作措施、良好的生态环境有利于作物的生长发育，从而达到优质、安全、绿色、高效的生产目的，因此，在作物栽培生态研究中，土壤耕作、水分管理及样品采集等方面一定要进行规范操作，以保证试验效果。

田间试验必须具有代表性、正确性和重现性。田间试验的每个环节都决定着整个试验是否成功，在执行过程中任何环节的失误都会影响到试验的准确性和精确性，田间试验执行过程中产生的误差是试验误差的重要来源。从试验目标任务的确定、试验材料的组织、田间试验设计、试验地块的选择、试验地的耕作方式、肥料的使用方法和用量、作物生育期间田间管理、性状调查，以及最终收获测产和数据分析，都要紧紧围绕作物高产优质为试验中心开展相关研究工作。作物田间试验要求均匀、一致，即田间管理各项措施的实施，都要按照同一试验或同一重复保持一致的管理原则，最好由同一个人操作，在同一时间段内完成。

第一节 田间试验方案的制定

田间试验是在田间自然环境条件下进行的，与大田生产条件相似，因此其试验结果可直接在大田中示范推广。田间试验的地块栽培条件要具有代表性，试验数据和结论的可靠性取决于试验的准确性和精确性，田间试验要有重演性，也就是在相同的条件下再次试验可以获得相同趋势的试验结果。另外，田间试验设计要合理，目的要明确，并具有可操作性，要有具体的试验方案，包括计划书的编写、试验地的选择、试验布置、田间管理、数据记录及收获等。

一、试验地的选择及划分

（一）试验地的选择

1. 最好选择平地、整齐、肥力均匀的地块，若没有平地，应选用沿一个方向倾斜的肥力差异较小的缓坡。

2. 选择阳光充足、四周有较大空旷地的地段，不宜选择靠近楼房、高树等屏障旁边的地段，以免过多阴影造成试验各重复小区环境不一致。同时，试验地应与道路、村庄、牧场保持一定的距离，避免人畜践踏。

3. 仔细记录试验地块的背景信息，了解试验地的地形、地势、水利条件等，掌握前茬作物种类、轮作方式、田间管理及当前状况等。

4. 了解试验地块的灌排水沟的设置，试验地块要设置十字排水沟及田边防洪沟，以便排水、防洪，防止水土流失。

5. 如果是水分实验，需选择有灌溉设施的田块。

（二）试验小区的设置

1. 小区面积的设置

在一定范围内，小区面积的增加，会使试验误差降低，但减少不是线性关系。试验小区的面积，一般变动范围为 5 m² ～ 60 m²。而示范性试验小区面积通常不小于 330 m²。种植密度大的作物如稻麦小区可小些，种植密度小的作物如棉花、玉米应大些。

2. 小区的形状

小区的形状应根据试验地的形状、面积以及小区多少和大小等调整决定。小区的长宽比可为（3～10）：1，甚至可达 20：1。在小区形状选择时，应考虑边缘效应的影响。

3. 重复次数

重复次数的多少，一般根据试验所要求的精确度、试验地土壤差异大小、试验材料的数量、试验地的面积、小区大小等具体而定。小区面积较小的试验，通常设置 3 次～6 次重复；小区面积较大的，一般可设置 3 次～4 次重复。进行面积较大的对比试验时，设置 2 次重复即可。

4. 对照区的设置

田间试验必须设置对照试验区，作为处理比较的标准。对照试验区设置可根据具体的试验目的进行。

5. 保护行的设置

由于边缘效应的存在，容易造成试验地边缘产生试验误差，因此，必须在试验地周围设置保护行，一方面可防止边缘效应，另一方面也可减少外来因素的干扰，如人、畜等的践踏和损害。保护行的数量视作物而定。小区之间、重复之间一般不设置保护行，但也可以根据试验需要确定。保护行的处理应按稍微低于各处理的水平，如肥料试验，保护行的施肥量要低于各处理的施肥量。

6. 重复和区组的设置

将全部处理的小区设置为一个区组，分列于具有相对同质的同一地块上。一般试验设置 3～4 个重复，分别安排在 3～4 个区组中。在田间重复或区组可排成一排，也可为两排或多排，这主要根据地块的形状、地势及土壤质地的差异。区组间的差异小，能有效地减少试验误差，因而可增加试验的精确度。

小区在各重复内的排列方式有顺序排列和随机排列。顺序排列可能存在系统误差，不能做出无偏的误差估计。一般选用随机排列，可避免系统误差，提高试验的准确度，还能提供无偏的误差估计。

二、作物播种时期的确定

作物播种时期影响作物的生长发育、产量和品质，适期播种有利于作物充分利用光热资源，为培育壮苗、形成合理的群体结构和产量结构奠定基础。确定播种时间需根据当年的气候情况、地理位置以及所选作物的品种特性进行。

1. 冬小麦

冬小麦的播种时期要依据冬前积温和品种发育特性，一般在 9 月下旬至 10 月中旬。

小麦冬前积温包括播种到出苗的积温及出苗到冬前停止生长之日的积温，一般播种至出苗的积温为 120 ℃左右，出苗后冬前主茎每长 1 片叶约需 75 ℃积温。例如冬前要求主茎叶数为 6 片，则冬前总积温为：$75 \times 6 + 120 = 570$（℃），这要根据当地气象资料确定适宜播种期。

另外，不同的感温感光类型品种，完成发育要求的温光条件不同，一般强冬性品种可适当早播，弱冬性品种适宜晚播。一般在北方冬麦区冬小麦的适宜播种期，冬性品种一般在日平均气温为 16 ℃～18 ℃时，弱冬性品种一般在日平均气温为 14 ℃～16 ℃时。

2. 玉米

玉米的适播期主要根据玉米的种植制度、温度、墒情和品种来确定。

春玉米一般在 4 月下旬耕作层 5 cm～10 cm 土壤温度稳定在 10 ℃～12 ℃时，就可播种。

夏玉米一般在 6 月 10 日～25 日麦收后立即播种。

套种玉米一般在小麦收获前 10 d～15 d 播种为宜。

3. 花生

花生的适播期为 4 月中旬至 5 月上旬，当 5 cm 深度的土壤温度稳定在 15 ℃时即可播种，要想出苗快而齐则需要土壤温度稳定在 16 ℃～18 ℃时方可播种。

4. 大豆

大豆的适播期一般在 4 月 20 日至 5 月 10 日，当 5 cm 深度的土壤温度稳定在 6 ℃～8 ℃、土壤耕层含水量为 20％左右时，即可播种。

5. 棉花

在黄河流域春季气温上升比较稳定的地区，棉花的适宜播种期在 4 月中旬，在 5 cm 深度的土壤温度稳定在 12 ℃～14 ℃时进行播种；春季气温不稳定的地区，一般在终霜期以后，4 月 15 日～25 日，5 cm 深度的土壤温度稳定在 14 ℃以上时进行播种。

在新疆北疆地区通常在 4 月 10 日～20 日，当日平均气温稳定在 14 ℃时即可播种；而在南疆地区由于无霜期长，早春气温上升快且稳定，一般在 4 月 5 日～15 日适宜播种。

6. 甘薯

春薯一般以 5 cm～10 cm 土壤深度的温度稳定在 16 ℃～17 ℃时为栽秧适期，北方薯区中部一般在谷雨开始栽秧，南部稍早，北中宜晚，最晚不宜晚于立夏。

夏薯生长期短，北方薯区的中南部要求在 6 月底前栽完，北部在小暑前栽完较为适宜。

7. 水稻

北方多数地区育苗的播种适宜期一般在 3 月末至 4 月中旬。北方一季稻区移栽适宜期一般在 5 月中下旬，有些地区可在 6 月上旬。

三、作物种子的选择及播种方法

(一) 种子的选择

种子的选择和必要的处理是作物正常生长发育的关键，优质的种子可为农作物生长奠定良好的基础。

1. 种子的选择

要选择适合当地气候和土壤条件的主栽作物品种或拟推广品种，选用生活力强、成熟饱满、整齐一致、纯净度高且无病虫害的种子，还需考虑其产量、抗病虫害能力和市场需求等因素。这样的种子能代表当地作物生产的实际情况，在作物栽培生态研究中具有代表性意义。

2. 种子的贮藏

为保证种子的活性，延长保存期限，种子应保存在相对湿度低于 50％、温度控制在 5 ℃～10 ℃的环境中，同时避免阳光直射。对于一些珍贵的作物种子，需要采取冷冻保存措施。

3. 播种前的筛选

实验前要对种子进行筛选，实验用的种子要有完整的外观，无杂质、无病虫害和机械损伤，种子的湿度通常在 12％～14％，播种前要对种子进行发芽测试，保证种子具有良好的萌发能力和活力。

（1）发芽势用于出苗整齐度的判断。测试适宜条件下，3 d 内供试种子数中发芽种子数的比例。

$$发芽势（\%）=\frac{3\ d\ 内发芽种子数}{供试种子数}\times100\%$$

（2）发芽率用于出苗多少的判断。测试适宜条件下，7 d 内供试种子数中发芽种子数的比例。

$$发芽率（\%）=\frac{7\ d\ 内发芽种子数}{供试种子数}\times100\%$$

4. 播种前的种子处理

播种前可对种子进行消毒、浸种、包衣等处理，以提高种子的发芽率和抗病能力，加速田间出苗过程，保障苗齐苗壮，为作物苗期生长夯实基础。

（二）田间播种方法

播种质量的好坏影响作物的出苗率、苗齐苗壮程度、对病虫害的抵御能力，最终影响作物的产量。播种时期要根据作物的生物学特性及当地的气候条件来确定，播种深度一般是小粒种子浅播、大粒种子深播，并合理密植。具体有以下几种播种方法：

1. 撒播法

将种子均匀地撒在整好的田块表面，适用于细小种子或对播种精度要求不高的作物。但容易造成种子分布不均，难以控制株距和行距。

2. 条播法

在整地后开沟，将种子均匀地撒入沟内，再覆土。此法适用于谷物、豆类、棉花等作物，有利于田间作物的通风和透光，便于田间管理。

3. 穴播法

在地面开穴，每穴内播入一定量的种子，然后覆土。此法可以很好地控制作物的株距和密度，比较适用于玉米、向日葵等作物。

4. 精准播种

一般利用现代化的播种机或是具备施肥、播种等多功能机械设备进行精准播种，达到播种深度、密度的均匀一致，在减少种子浪费的同时，减少人力需求，提高种植效率。

四、肥料的选用及施用注意事项

施用的肥料，要选用正规企业生产的质量稳定的产品，可先采样化验分析再根据结果计算用量。通过对土壤进行综合分析，确定所需的营养元素种类和含量及合理的肥料用量和配比，通过合理施肥管理，使作物的产量和品质最大化，并建立长效、稳定的农业生产环境。

（一）施肥时期确定

作物生长的各个阶段都需要多种养分的供给，一般田间施肥可分为基肥、种肥和追肥三个环节。基肥即底肥，以有机肥料为主，用量大、施肥深、施肥早。种肥一般为腐熟的有机肥料或速效性化学肥料及细菌肥料，施于种子或作物幼苗附近，可与种子混播或与幼苗混施，不能选用浓度过大、过酸、吸湿性强、溶解时产生高温及含有毒副成分的肥料。追肥是在作物生长发育期间施用的肥料，如小麦水稻的拔节期、玉米的大喇叭口期、棉花的蕾期花期等，一般选用速效性化学肥料和腐熟良好的有机肥料。

（二）肥料的选择

1. 保证养分需求

施肥前一定要全面考虑作物、土壤和肥料三方面因素。在保证施肥的量满足作物生长发育各阶段对各种养分需求的同时，还要兼顾获得较高的经济效益。

2. 注重肥料配施

化肥养分含量较高、肥效快、无臭味，因此很多人在种植农作物时完全用化肥来代替农家肥，但长期施用化肥容易导致土壤酸性加重、土壤板结，不利于作物根系的发育；而腐熟的农家肥能改良土壤、活化土壤中的有益微生物、调节土壤酸碱平衡，有利于作物根系的生长发育。因此，在施肥时最好将农家肥和化肥按比例配施，可全面供应作物生长发育所需的养分。

（三）施肥方法的确定

1. 土壤施肥

常见的作物田土壤施肥有撒施、条施两种，多用于基肥和追肥。对于施肥量较大或种植密度大的小麦、水稻等封垄后追肥可采用撒施法，玉米、棉花及甘薯多用条施。

2. 叶面施肥

将肥料配成一定浓度的水肥溶液，喷洒在作物的茎叶上，以供作物吸收。这种方法简便易行，节约成本，效果较好。但应在阴天或者晴天的早晚进行，蒸发量小时肥液附着在叶片上的时间会更加长，可以提高肥效。

3. 蘸根施肥

将肥料配成一定浓度的水肥溶液，对移栽作物如水稻进行蘸根处理后进行定植。

4. 种子施肥

一般采用拌种、浸种和盖种肥三种方式。拌种是将肥料与种子混合均匀后一起播入土壤；浸种是用一定浓度的肥料溶液浸泡种子后取出晾干后播种；盖种肥是在开沟播种后用充分腐熟的有机肥或草木灰盖在种子上面的施肥方法。

5. 施肥禁忌

（1）尿素表施要适当。尿素是用得较多的肥料，通常人们为了方便多采用表施，如果遇到中雨或者大雨，尿素很容易随水流失，因此尿素应深施覆土。可以在雨后土壤比较湿润时表施，这样可以相对减少养分的浪费。但遇晴天中午气温较高时，不要表施尿素，容易造成氮肥挥发或流失，而且容易烫伤植物叶片，因此，最好在早晨或傍晚进行施肥。

（2）忌施未腐熟的农家肥。未腐熟的农家肥会因在土壤中发酵产生高温灼烧作物的根系，或因肥料中病虫的存在使作物感染病虫害。

（3）施肥不能过量。要根据土壤和作物的需求合理施肥，施肥要均匀，以免局部施肥过多造成肥力不平衡。

五、田间灌水及注意事项

作物生长发育整个时期需要大量的水分，由于降水量分布不均衡，在作物生长的关键时期必须给予灌水，以补充作物生长发育需要的水分。田间灌水要根据作物不同时期的需水特性来确定，结合多种灌水方式进行。

（一）灌水时期

灌水时期可根据作物不同生育时期对土壤水分的需求不同来确定，田间土壤水分含量低于作物生长的最低水分要求，就会影响作物的生长发育，最终影响产量。例如小麦田的土壤水分，一般出苗期要保持在 75％～80％，分蘖时期要求保持在 75％左右，拔节至抽穗保持在 70％～80％，开花至灌浆中期为 75％左右，一般在播种前保持充足底墒，然后在冬前、拔节和孕穗或开花，或拔节、孕穗和灌浆初期进行灌水；玉米田适宜的土壤含水量播种至出苗期为 70％～75％，出苗至拔节期为 60％左右，拔节至抽雄期为 70％～75％，抽雄至吐丝期为 80％～85％，吐丝至乳熟期为 75％～80％，完熟期为 60％，一般在播种期、大喇叭口期、开花灌浆期要适当灌水。

（二）灌溉方式

通常在田间试验中，一般采用以下几种灌溉技术，可根据试验的具体情况选择灌溉方式。

1. 畦灌

畦灌是用田埂把农田分隔成一定形状、一定面积的畦，水从输水沟或毛渠中引入畦田内，并沿一定坡度方向流动而湿润土壤的灌溉方法。该法灌溉比较均匀，容易控制水量，适用于窄行或者密植作物，但整地费时，水量大时容易破坏土壤结构。

2. 沟灌

先在作物的行间开沟，然后把水引入沟内，水在沟内边流动边渗透。适合宽行或中耕作物。

3. 淹灌

采用大区或大畦进行，是大水灌溉或建立水层的一种灌溉法。水田灌溉常用此法，但用水量比较大。

4. 微灌

根据作物种植面积和需水情况，在灌区内部安装管道，在周边附近安置灌水器。这种浇灌技术浇灌的范围固定，有最大的浇灌距离，种植规模越大，需要安设的管道就越多。

5. 喷灌

通过管道传输，借助压力的原理，铺设管道，启动喷灌设备开关后，水从源头快速喷出，分散成细小水滴。这种浇灌方式比较灵活，而且可以保证水资源精准地输送到作物地带，实现水资源的充分利用，但基础投资较大。

6. 滴灌

这种灌溉技术需要安装低压管道，设置微小的出水口（10 mm）或滴头的灌溉方式。在浇灌的过程中，是以长时间的小水滴的持续渗透为主，精准地灌溉到作物的根系。此法能最大限度地节约水资源，适合在各种作物和各种土壤应用。

7. 移动式喷灌

该技术投入的设备成本较低，但是人工成本较高，需要将农用机械和喷灌的装备相结合，借助农用机械运载喷灌设备，然后进行移动式灌溉。

第二节　作物栽培生态研究田间调查注意事项

在试验过程中，要及时调查收集、分析作物在特定环境条件下生长发育和产量形成的数据，认真观察和记录作物的生育动态（如生育期、植株性状、产量性状、品质性状等）、作物的生理生态特性等。科学的作物田间调查抽样方法是确保试验数据正确的重要基础，采取合适的田间抽样方法，保证调查具有充分的代表性。在实际的科学研究工作中，不可能对组成总体的所有个体样本都进行测定，同样，对于个体样本的研究也是以部分器官或组织为基础的。因此，结果的可靠性就取决于样本对总体的代表性，代表性越好，可靠性越高。

一、田间指标调查

(一) 作物的生育动态调查

1. 作物生育周期调查

记录作物从播种到成熟各阶段的时间节点和特点，如冬小麦研究中要记录播种、出苗、三叶、分蘖、拔节、孕穗、开花、灌浆和成熟期的各时间点，玉米记录播种、出苗、拔节、大喇叭口、抽雄、开花、吐丝、成熟等各时期时间点。

2. 作物个体形态学特征调查

作物形态特征影响生物多样性、群落结构和生态服务功能。深入理解和描述作物在生长发育过程中表现出的外部形态和结构特点，调查作物的形态学特征对作物的育种、栽培管理和病虫害诊断具有极其重要的意义。记录作物的株高、茎粗、新枝新芽情况、叶色、叶面积、叶片厚度、节间距、根系颜色、根系深度、根表面积、毛细根数量等信息，测定过的植株用记号笔或其他方式作标记，以便后续跟踪测量，每个处理应选取 10 株以上进行测定，同时收集土壤、叶片、根系、果实等样本进行实验室分析，用于进行合适的栽培技术和管理措施的决策。

3. 群体结构调查

(1) 群体的大小。群体的大小是群体结构的主要内容，是分析群体结构、制定栽培措施、调节群体与个体关系的重要指标。如冬小麦可分别在冬前、返青期、起身期、拔节期、孕穗期和灌浆期进行调查。

(2) 单位面积的穗数。群体生长的最终表现，它既反映抽穗后群体的大小，又是最终产量的构成因素。在生产中，穗数是依地力水平和品种穗型大小决定的。在低产向中产发展阶段，要求随着地力水平的提高，逐渐增加单位面积穗数；中产向高产发展阶段，要求在达到本品种适宜穗数的基础上提高穗粒重。

(3) 叶面积指数。指单位土地面积上作物叶片总面积占土地面积的倍数。它与植被的密度、结构（单层或复层）和环境条件（光照、水分、土壤营养状况）有关，是表示植被利用光能状况和冠层结构的一个综合指标。叶面积指数的大小反映作物群体的好坏，在一定的范围内，作物的产量随叶面积指数的增大而提高，当增加到一定的程度后，田间郁闭，光照不足，光合效率减弱，产量反而下降。

（4）干物质积累与分配。干物质积累量与总干物质的比例是否适宜，是衡量群体结构是否合理的重要指标。如冬小麦从出苗到拔节，历时全生育期的3/4，此期间若干物质积累过少，难以形成壮苗，不能奠定丰产基础；若干物质积累过多，则表明麦苗旺长；群体合理的高产田此期干物质量占一生最高量的20%左右。从拔节到乳熟期，历经全生育期的1/6，积累的干物质量占总干物质量的65%以上，是干物质积累的主要时期。从乳熟到成熟，此期中上部叶片逐渐衰老，营养物质迅速转运至籽粒，总干物质积累速度缓慢。

（5）根系生长状况。根系的发达与否与群体大小密切相关。群体过大，造成行内株间光照条件差，植株的有机营养不足，根系生长受到抑制，不仅影响叶片的寿命与功能，还影响穗的形成和发育。根系的评价可以通过根系干重、根系活力和有关酶活等指标。

4. 群体分布的调查

群体的分布是指组成群体的作物在垂直和水平方向的分布。垂直分布主要是指叶层分布或叶层结构，包括叶片大小、角度、层次分布和植株高度等；水平分布是指作物分布的均匀度和行株距的配置。在叶面积指数相近的情况下，叶片小而挺的群体比叶片大而平展的群体株间或底层的光照条件好。

5. 群体的组成情况调查

群体的组成是指组成群体的作物种类和品种，如麦棉套作群体在其共生期内，群体的组成包括小麦和棉花两种作物，两种作物的比例与群体内的透光情况、个体发育的优劣都有密切的关系。群体的大小、分布、长相随着个体的生长发育而不断变化。在衡量作物田块群体结构是否合理时，应该综合分析以上各项指标在作物整个生育过程中的动态变化。在作物生产中，在作物生长前期，就应以合理的栽培措施调节群体，使各时期的指标都在适宜的范围内，以使群体合理发展，个体健壮发育，从而达到高产的目的。

（二）作物生理生态特性调查

作物的生理生态特性是作物适应不同环境条件和生长发育的重要基础。通过研究作物的生理生态特性，如叶片形状和大小对作物光合作用的影响、根系结构对水分和养分的吸收利用效率等，掌握作物与环境的相互作用关系，为优化农作物种植结构提供科学依据，提高农作物的产量和品质，实现农业的可持续发展。

1. 作物的光合特性调查

作物的光合作用是作物生长的关键过程，它受光照强度、温度、湿度等多种环境因素的影响。通过研究作物的光合作用特性，可以了解作物对不同光照条件的适应能力，为合理调控光照条件提供依据。在研究中主要调查作物叶片的光合速率、蒸腾速率、气孔导度、胞间 CO_2 浓度等光合指标。

2. 作物的水分利用效率

作物对水分的需求是作物生长发育的关键环节，研究作物的水分利用效率，可以了解作物在不同干旱条件下的抗旱能力，为选择抗旱品种和制定合理的灌溉方案提供依据。

3. 作物的养分诊断

作物生长过程中各种养分的供给是作物生长发育的关键因素。研究作物养分方缺，为合理施肥和优化土壤肥力管理提供依据。如作物和土壤有效态养分含量的调查，比如氮、磷、钾等大量矿质元素以及铁、锌、铜等微量矿质元素，土壤 pH、有机质含量及对叶绿素、蛋白质等含量的影响。

4. 作物代谢物质水平调查

作物代谢物质包括初级代谢物产物和次级代谢物产物，这些物质在作物的生长发育、抗逆性和营养价值等方面起着关键作用。通过研究调查，了解作物的生理状态、响应环境变化的能力，以及作物品质和产量的形成机制。主要是采集作物各生育时期的叶片、果实、根茎及种子等，检测糖类、脂类、氨基酸、激素等初级代谢物以及生物碱、萜类化合物、黄酮类化合物等次级代谢产物。

5. 作物的耐逆能力调查

作物的耐逆能力包括耐盐碱性、耐寒性、抗病虫害能力等。作物在生长发育过程中，会受到不同胁迫因子的影响，如盐碱土壤、低温和病虫草害等。研究作物的耐盐碱性，可以了解作物在盐碱土壤环境下的生长状况，为选择适应性强的品种和改良盐碱土壤提供依据。研究作物的耐寒性，可以了解作物在低温条件下的抗寒能力，为选择耐寒品种和制定合理的栽培措施提供依据。研究作物的抗病虫害能力，可以了解作物对不同病虫害的抵抗能力，为选择抗病虫害品种和制定合理的病虫害防控策略提供依据。

（三）影响作物生长环境因素调查

作物生长条件下的田块是一个群体，由许多个体结合而成。同一群体内的每个个体，既相互独立，又密切联系，相互影响。许多个体汇聚在一起，使群体内小环境中的温度、湿度、光照、通气等条件以及土壤理化特性，都发生了很大的变化。小环境的好坏，强烈地影响着每个个体的生长发育，反过来又影响群体的发育和质量。可使用卫星或无人机获取的图像分析作物生长状况和环境条件，结合地理空间数据，采用 GIS 技术分析作物分布与环境因子的关系。

1. 生态环境条件调查

（1）气候参数。温度、湿度、光照、降水、风速等自然环境因素，影响着作物对土壤中营养成分的吸收，影响着叶片的光合作用，对作物生长发育过程中各种酶的活性、糖分的积累、蛋白质的合成都会造成干扰，从而影响作物的产量和品质。

（2）土壤性质。土壤类型、pH、土壤肥力、有机质水平、土壤结构和排水性等因素影响作物的产量和品质，因此，在试验开始前，要对土壤的基础地力进行详细调查，选取适宜的作物种植。

（3）生物因子。病虫草害、有益微生物、作物间作和混作的生物多样性分析，可通过显微镜检查或分子生物学方法检测病原体，采取相应措施进行田间管理。

2. 栽培管理措施的调查

（1）播种技术。要详细记录作物的播种时间、播种密度、播种深度等，用以研究不同的播种技术对作物产量和品质的影响，寻求最佳的种植效果，提高播种效率和作物的生产能力。

（2）施肥管理。对田间试验使用的肥料类型、施肥量、施肥时间作好调查，定期对土壤肥力进行测试，研究作物对肥料的吸收利用效率，从而找出在当时气候条件下最适宜的施肥方式，达到节肥高产的目的的同时，保持土壤健康和生态环境的可持续性。

（3）灌水方法。根据试验规划，按拟定的灌水频率、灌水量、灌水方式进行灌溉，研究节水灌溉新技术。

（4）病虫草害防治。在作物生长过程中根据病虫草害发生情况及时采取化学防治、生物防治、物理防治，作好田间调查，为作物栽培生态研究提供依据。

（5）收获与贮存。不同的作物有不同的收获方法，包括机械收获、人工收获。最佳收获时期应在作物达到最佳成熟度时，确保作物产量的同时，具有最高的营养价值和最佳口感。收获后要妥善保存，防止霉烂、病虫侵蚀及营养物质的流失，最好在低温干燥的环境中贮存。

3. 作物对环境的响应调查

（1）逆境响应。调查作物对干旱、盐碱、低温、高温等逆境条件的响应情况，如气孔开闭、细胞渗透压及脱落酸的积累等，同时观察根系的侧根和根毛的变化。

（2）资源利用效率。如水分利用效率、各种养分利用效率的调查，以指导节水节肥增效栽培措施的建立，避免施用过多，造成浪费与污染。

（3）生态系统调控。作物对生物多样性、碳固定、土壤健康等的贡献。

4. 生态系统健康与可持续性调查

（1）长期影响。作物栽培农艺措施对土壤结构、地下水、空气质量的长期影响。

（2）可持续性调查。作物栽培对环境的负担和农业系统的整体可持续性。

5. 数据分析与建模

（1）统计分析。使用 SPSS、R 语言、SAS 等统计软件分析作物生长数据，识别关键环境因子。

（2）预测生长模型。建立作物生长和产量预测模型，指导栽培管理措施。

（3）环境响应模型。模拟作物对不同环境条件的响应，如温度、光照和水分，在温室条件下，控制单一环境因素，观察作物的反应。

二、田间抽样调查方法

田间抽样调查是从全部调查研究的对象中抽取一部分样本进行调查，并据此对全部调查研究对象做出估计和推断的一种调查方法。虽然不是全部都调查，但却能取得反映总体情况的信息，起到全面调查的作用。

（一）作物材料样本的采集与处理

1. 样本的采集

所采集样本的代表性不仅与取样方法关系密切，而且受样本容量的影响也很大，也就是样本必须要有足够数量的个体。样本个体数越多，抽样误差越小，样本的代表性就越好。但是，样本过大又会耗费过多的人力物力，延误时间。因此，确定合理的抽样数量是抽样调查测定中需要注意的重要问题。

（1）随机取样。这种取样方式要求样本分布应基本符合总体的分布规律，取样方法应符合概率论的要求。取样必须是随机的，不能有主观偏见，哪个能被取中，完全靠样本的概率来决定，概率大的被取中的机会就大，反之则小。随机取样符合概率论的要求，因而不仅对总体参数能做到无偏估计，而且还能正确地估计取样误差。

（2）典型取样。按照研究需要，有意识有目的地从总体内选取有代表性的典型个体或群组，以代表总体的绝大多数。典型样本如果选择合适，可获得可靠结果，尤其是从大容量的总体中选择较小数量随机抽样单位时，往往采用这种方法。但由于这种方法完全依赖于取样人员的经验知识和技能，结果很不稳定，而且不符合随机原理，无法估计取样误差。

（3）顺序取样。按照某种既定的顺序，每隔一定间隔抽取一个取样单位组成样本。为了确定第一个被取的个体，常按顺序将总体的全部个体分为个体数相等的组，组数等于样本容量，在第一组用随机法确定第一个被抽的个体后，按等间隔抽取其他组。顺序抽样法不符合概率论的要求，不能正确估计抽样误差。但顺序抽样方法简便，抽样单位在总体中的分布均匀，抽出的样本更具有代表性。

2. 样品的处理

（1）对于保留的鲜样本，为保持细胞、组织、酶或微生物样品活性和结构，采集后要立即置于液氮中冷冻，回到实验室立即进行测试或放置在－80 ℃超低温冰箱中贮存。

（2）用于测试养分的样本，要清洗干净，去除表面污垢，晾干或使用烘箱干燥。

（3）用于检测分析的样品粉碎要达到一定的细度，使其适合化学分析。

（4）对于要测试矿质营养元素的样本，处理时要避免接触含相关元素的器具，如铁元素的测定，样本粉碎过程中要避免使用不锈钢研磨罐，可使用玛瑙研磨罐。

（5）对于称样量极少的样品，研磨得越细测得的数据越准确，如 C、N 同位素分析，称样量几毫克，要求磨样必须达 100 目筛，才能保证测试数据的重复性和准确性。

（二）田间土壤样品采集注意事项

土壤测试用于评估土壤健康状况，是合理施肥及土壤资源可持续管理的关键手段。土地基本情况、气候条件、田间农事操作（如整地、施肥、播种、除草、病虫害发生及防治等操作的日期、数量、方法等）等对土壤的健康均会有不同程度的影响。

1. 采集土样时间

一般在作物播种前，必须采集田块的土壤样品，对土壤的物理性质和化学性质进行检测。根据试验设计，在作物生长的不同发育时期分别到试验地块采集土壤样本。

2. 采集方法

主要有对角线取样法、梅花形采样法、棋盘式采样法、蛇形采样法四种方法，如图 8-1 所示。

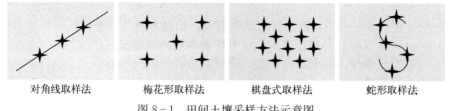

对角线取样法　　梅花形取样法　　棋盘式取样法　　蛇形取样法

图 8-1　田间土壤采样方法示意图

（1）对角线取样法。适宜于污水灌溉地块，在对角线各等分中央点采样。

（2）梅花形取样法。适宜于面积不大、地形平坦、土壤均匀的地块。

（3）棋盘式取样法。适宜于中等面积、地势平坦、地形基本完整、土壤不太均匀的地块。

（4）蛇形取样法。适用于面积较小地形不太平坦、土壤不够均匀且需取采样点较多的地块。

3. 采集步骤

（1）选择一种采样方法，一般 1 亩地选取 5 个点。

（2）撤去表土，采集植株根区附近 0～20 cm 土层的土壤，混合在一起放入自封袋内密封，每个处理混合的土壤样品为 1 kg～2 kg。

（3）在自封袋上写明土壤样品的采集时间、地点、处理情况，并尽快带回实验室完成后续检测。

第三节　试验田照片拍摄注意事项

在现代农业科研与技术推广领域，记录试验田的变化成为评估作物生长状况、验证新技术成果的关键一环。高质量的照片不仅能直观展示作物生长状况、田间管理及环境条件等重要环节，也是对外交流、报告撰写不可或缺的一部分，有助于实验人员更好地分析和评估试验田中作物的表现和环境条件。

一、拍摄内容

（一）记录试验地的质量

1. 拍摄试验地的整体景象，包括地形地貌、土壤条件和遮蔽情况。

2. 拍摄时间应该涵盖作物生长的各个关键生长阶段。

（二）拍摄作物的田间状态

1. 拍摄作物的生长状态，包括苗期、开花期、成熟期等。如在苗期拍摄试验重复两两比较的照片，记录出苗是否均匀；灌浆中后期拍摄要在麦穗刚刚转色的时候拍摄，包括小麦穗层与旗叶姿态，拍摄方向与行平行。

2. 注意捕捉作物的健康状况、生长势和产量潜力情况。

（三）记录生长事件

1. 拍摄记录影响作物生长的自然事件，如大风、暴雨、冰雹、干旱、涝害、病虫害等。

2. 拍摄药害或其他非自然因素导致的作物反应。

（四）试验小区的照片

1. 拍摄小区全貌，包括标牌，拍摄方向应与行平行，小区占据画面 70%以上。

2. 确保小区间的观察通道也被拍入照片中。

3. 每张照片最好要有植株、根系以及土壤的照片。

4. 对照组和处理组的照片在拍摄角度、大小、光线上要尽可能一致。

5. 为体现长短、大小上的差异，可在照片的旁边放一参照物，如尺子、名片等。

二、拍摄要点

（一）准备工作

1. 设备选择

选用具有手动模式的单反或微单相机，镜头建议涵盖广角至中焦段，以便灵活应对从整体布局到细节特写的拍摄需求。此外，稳定的三脚架和快门线能有效减少画面模糊。

2. 时间规划

了解并记录作物生长周期，选择最佳拍摄时段，如早晨柔和的光线或黄昏的金色时刻，利用侧光塑造立体感。

3. 气象考虑

关注天气预报，避开雨天，利用晴朗或多云天气创造理想光照环境。

（二）技术要点

1. 曝光设置

使用手动模式控制 ISO、光圈和快门速度，平衡亮度，确保作物色彩真实还原，同时防止过曝或欠曝。

2. 构图原则

应用三分法、引导线等构图技巧，突出作物生长状态或特定试验区域。要求背景简洁，避免杂乱元素干扰视线。

3. 焦点选择

针对重点观察对象，如新型作物品种或病虫害部位，精准对焦，使用小光圈增加景深，确保主体清晰的同时，保留一定环境信息。

4. 照片质量

（1）设置照片大小至少为 3 MB，以保证足够的分辨率用于高质量的打印或出版。

（2）使用微距模式拍摄小物体，如单个果实、籽粒等，要注意焦点的清晰度。

（3）使用正确的光线条件，避免直射阳光造成的阴影或过度曝光。

（4）保持相机稳定，必要时使用三脚架。

(三) 实践细节

1. 记录信息

每张照片附上详细说明标签，包括拍摄日期、地点、作物种类、生长阶段、试验区标记等，便于后续数据分析与归档。

2. 多角度拍摄

从俯视、平视、仰视等多个角度捕捉，完整展现作物生长情况和田间管理措施。

3. 对比拍摄

设立对照组，定期在同一位置、同一条件下拍摄，通过前后对比凸显试验效应，增强说服力。

(四) 后期处理与存储

1. 基本调校

利用图像处理软件适度调整色温、饱和度、对比度，增强照片视觉效果，但需保证不失真。

2. 规范化管理

建立科学的文件命名规则和分类体系，采用高质量格式储存原始图片，备份重要资料以防丢失。

三、参考文献

宋志伟，王志刚 . 2022. 肥料科学施用技术 [M]. 北京：机械工业出版社 .

于振文 . 2021. 作物栽培学各论：北方本 [M]. 北京：中国农业出版社 .

章家恩 . 2006. 生态学常用实验研究方法与技术 [M]. 北京：化学工业出版社 .

张明才 . 2021. 作物田间技术与生物学观察 [M]. 北京：中国农业大学出版社 .

图书在版编目（CIP）数据

作物栽培生态实验指导 / 谷淑波等主编. -- 北京：
中国农业出版社，2024. 12. -- ISBN 978 - 7 - 109 - 32802
- 0

Ⅰ. S31

中国国家版本馆 CIP 数据核字第 2025SS0255 号

作物栽培生态实验指导
ZUOWU ZAIPEI SHENGTAI SHIYAN ZHIDAO

中国农业出版社出版

地址：北京市朝阳区麦子店街 18 号楼

邮编：100125

责任编辑：郭银巧

版式设计：王 晨 责任校对：吴丽婷

印刷：北京印刷集团有限责任公司

版次：2024 年 12 月第 1 版

印次：2024 年 12 月北京第 1 次印刷

发行：新华书店北京发行所

开本：700mm×1000mm 1/16

印张：13

字数：255 千字

定价：80.00 元